U0010132

台灣自然圖鑑 035

BRILLIANT BEETLES

光彩閃耀的甲蟲圖鑑

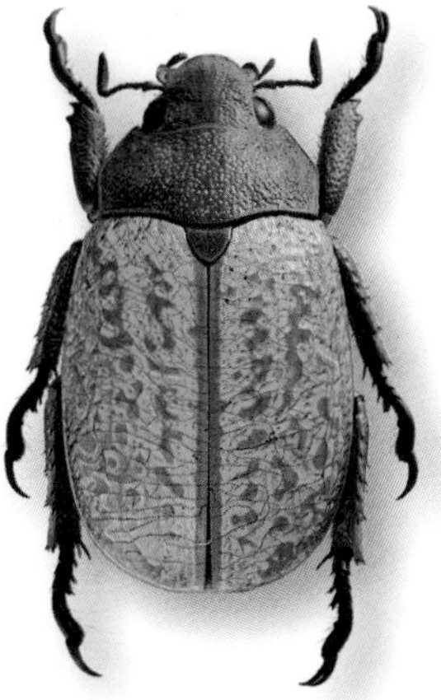

丸山宗利
Munetoshi Maruyama
（九州大學綜合研究博物館）

晨星出版

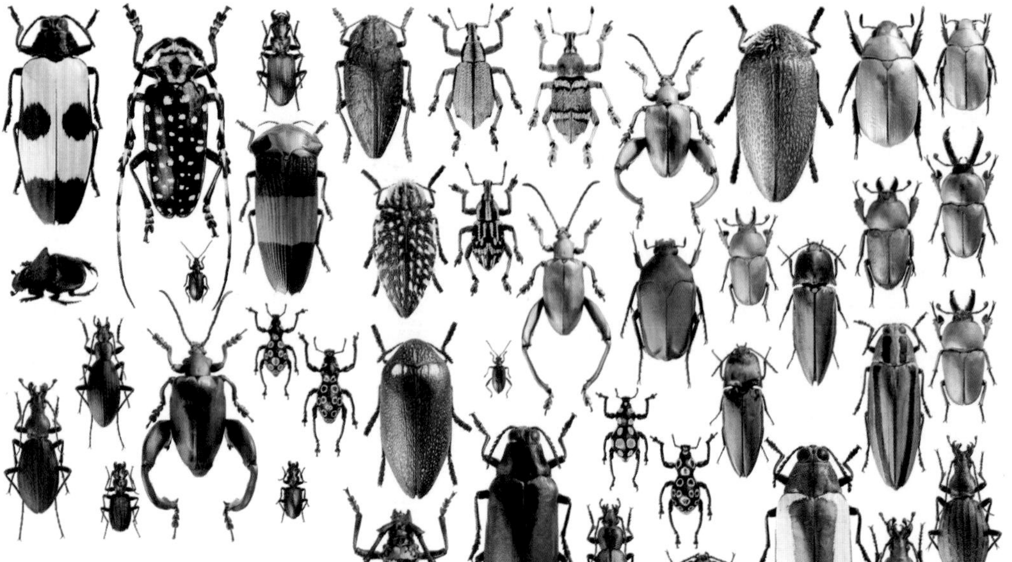

前言

每當看到各式各樣的生物，心裡總會覺得我們人類所能想到的一切色彩與造型其實早已交融呈現在大自然中，而且大自然所創造出來的生物，更擁有著各種別緻獨特的美。

在本書中，我們將介紹其中最具代表性的類群，也就是光彩燦爛且華美絢麗的

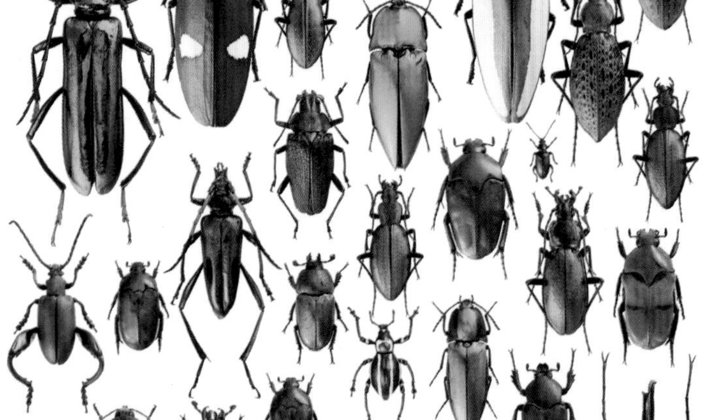

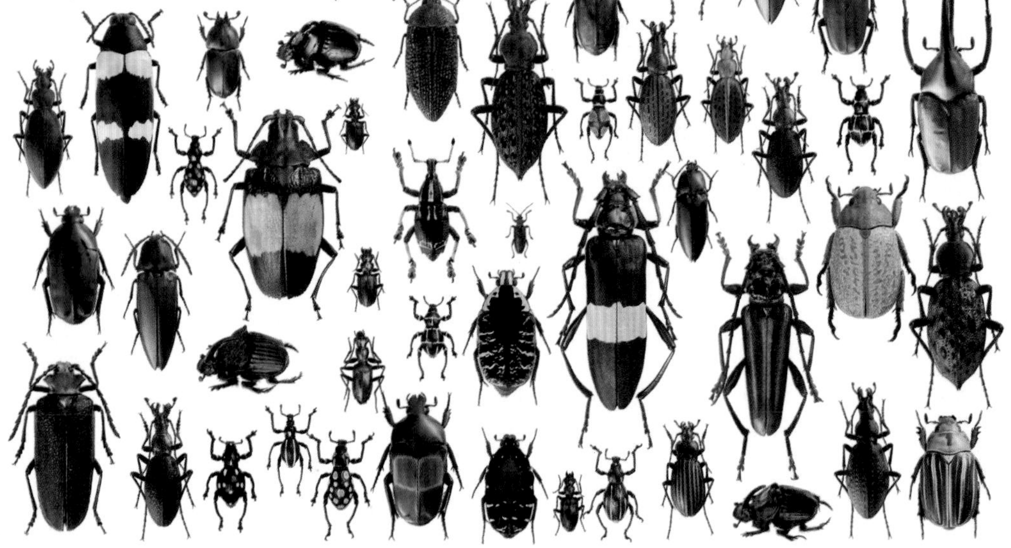

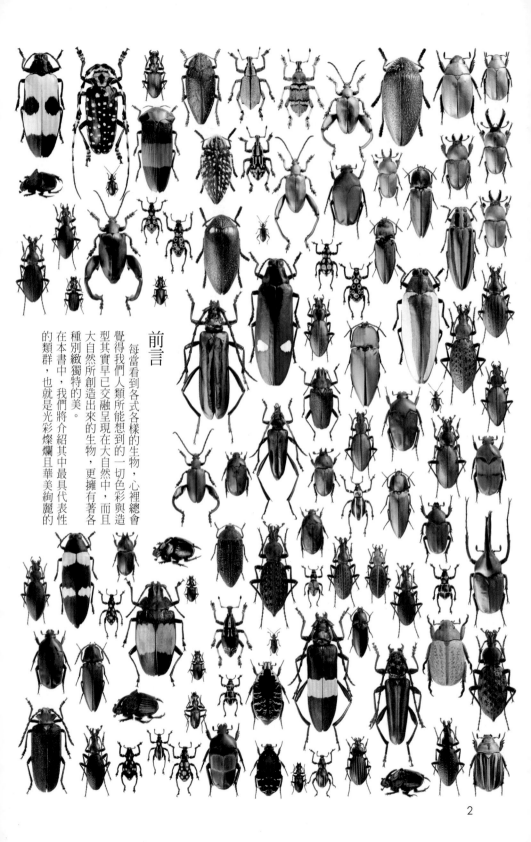

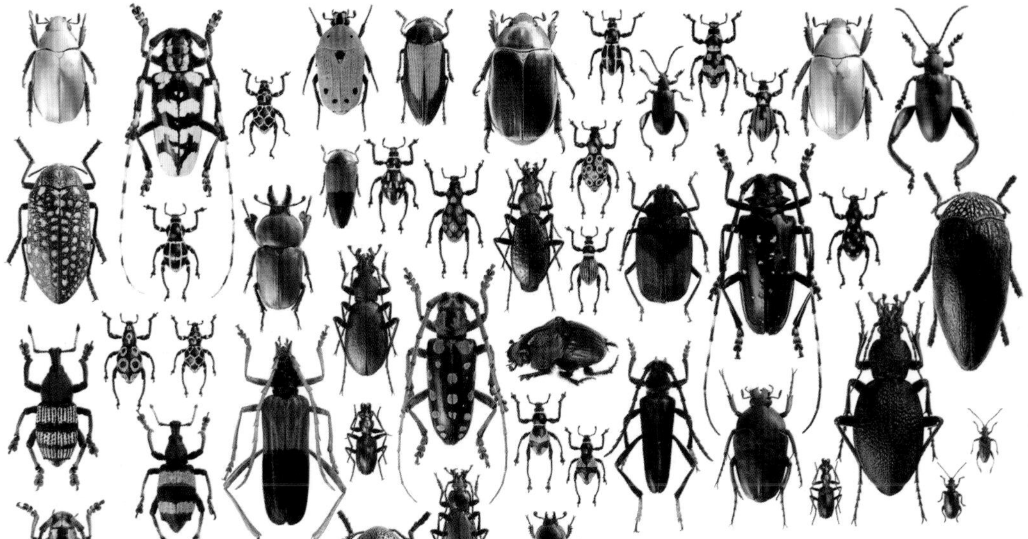

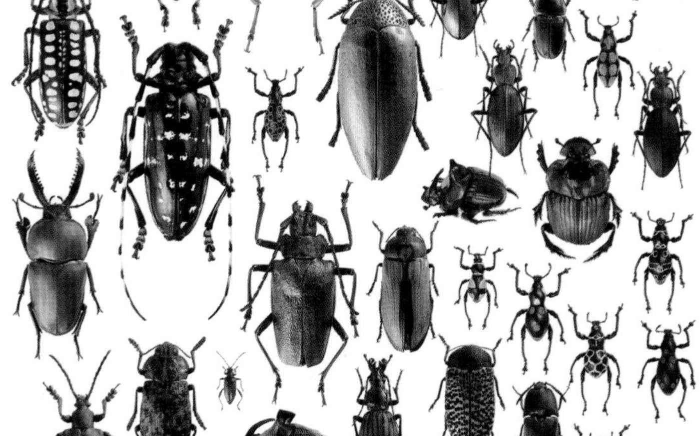

甲蟲。隨著本書內容一頁頁地翻開，讀者們一定會對甲蟲那精巧的配色大感驚奇，而且視線也會被那宛若金屬般的光澤給牢牢吸引住，相信你欣賞過甲蟲表面的紋飾後會大讚不已。現在，就歡迎大家來到光彩閃耀的甲蟲世界，同時也期待讀者們都能盡情欣賞甲蟲那小小身軀所展現的驚人之美。

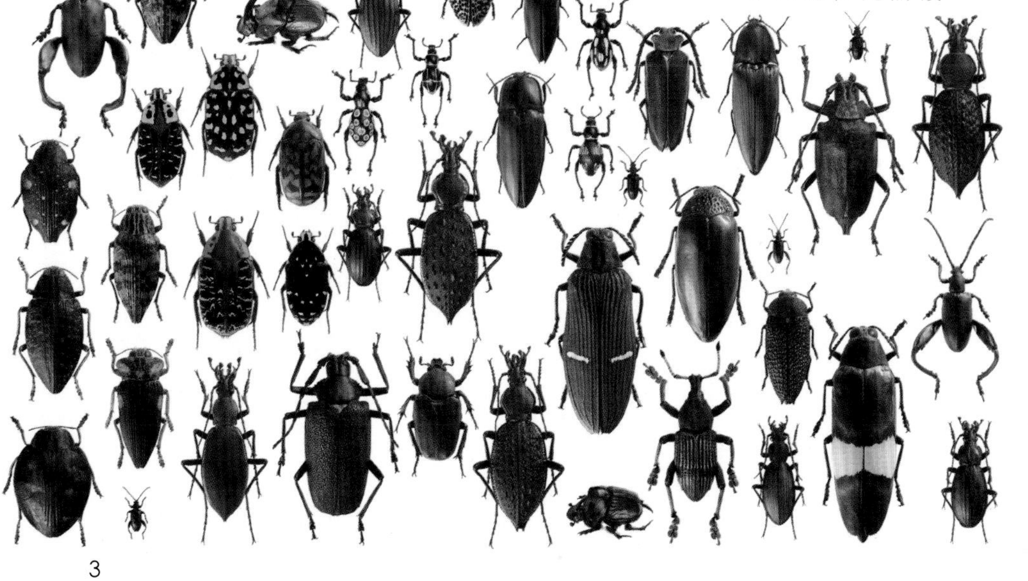

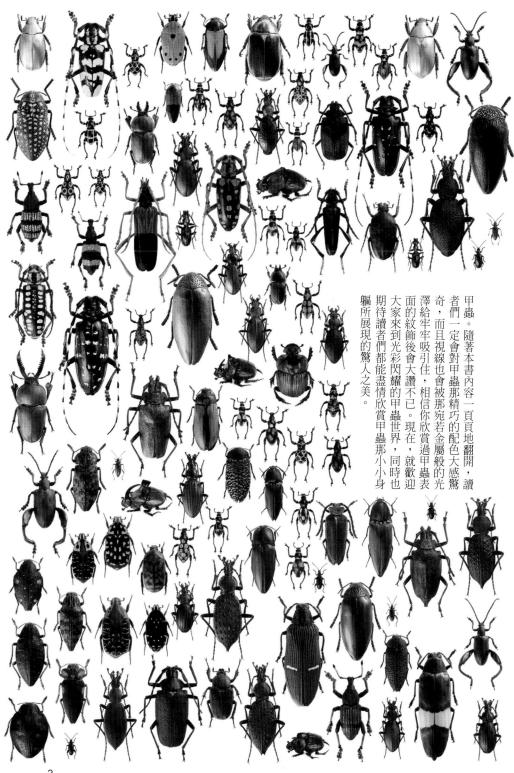

審訂序

絢麗耀眼的明星甲蟲

每一次走進外文書店，總會發現絢麗的步行蟲、叩頭蟲、吉丁蟲和象鼻蟲專書擺在珠寶設計類下的書林之中；原來在國外走自然風的設計師，早就把這些甲蟲融入設計的作品之中。所以，當晨星把丸山宗利的《光彩閃耀的甲蟲圖鑑》要我協助審定時，我便欣然答應；特別在政府和設計界大喊文創的時代，如何把這群漂亮耀眼的甲蟲融進設計元素中，不但是愛蟲族所樂見，相信如善加運用，一定也能爲台灣的文創產業埋下耀眼的種子！

丸山宗利是位鑽研白蟻和螞蟻的農學博士，現任職於九州大學，除經常發表學術性論文之外，也出版多本膾炙人口的科普書籍；像不久前晨星所出版的《昆蟲眞不可思議》一書，已精彩介紹昆蟲的多樣性和逸趣橫生的昆蟲行爲。而在這一本書中，他把甲蟲中最閃亮的明星，依金龜子、步行蟲、吉丁蟲、象鼻蟲、天牛…等依序介紹牠們爲何能閃閃發光的原因，也用簡潔易懂的文字，闡述體表的結構和機制，讓想從材料下手的設計者，也能進行仿生設計，的確是一本人見人愛，擺在書架上立刻能吸引目光的好書！

然而，這些光彩耀眼的甲蟲除了少數有中文名稱之外，絕大多數都是舶來甲蟲；因此在命名上也的確費了一番功夫。現在，台灣熱愛甲蟲的人很多，也不乏前往東南亞、非洲和亞馬遜追蟲的學者專家和昆蟲達人，期待這本炫書的出版，也能刺激台灣的年輕一代能像丸山宗利一樣，出版好書，以進軍國際！

相信大家會喜歡這本我非常喜歡的好書！

國立台灣大學 名譽教授

楊平世 謹薦

2016/05/20

推薦序

華麗的視覺饗宴

擁有華麗色彩的動植物人見人愛，在色彩繽紛的世界裡，許多炫麗如寶石般的甲蟲是其中佼佼者。丸山宗利博士在本書中以昆蟲分類學家察覺細節的敏銳力，選出成千上萬甲蟲標本中最引人入勝的種類，以專業的攝影與影像合成法，讓每一隻甲蟲以電影明星般的風采走出自然界為其鋪設的紅地毯，在書頁中展現其眩目的自然光澤。

任職於九州大學博物館的丸山宗利博士與我相識於兩三年前的初夏。同樣著迷於角蟬的我們，剛見面時便很開心地聊著世界各地的角蟬，哪裡找得到有趣的角蟬物種、型態變異、生活史特性、地理分布、演化歷程等等談不完的話題。之後丸山博士陸續訪台數次，多是為了採集特定昆蟲與自然攝影。我們每次見面時都有如失散多年的好友，熱烈地聊著角蟬研究的種種。畢竟角蟬的研究人員全球屈指可數，正如許多珍貴的瀕危昆蟲一樣，相遇誠屬不易。有一次，丸山博士從背包中翻出本圖鑑的日文版送給我，收到圖鑑的當時非常讚嘆書籍的精緻程度，之後便時常拿出翻閱欣賞。今日非常高興看到中文版的發行，透過丸山博士精彩的介紹，讓廣大的中文讀者們能認識這群如寶石般耀眼的昆蟲。

甲蟲是昆蟲世界中種類最多的一群，足跡遍布地球各個角落。牠們在自然演化史上的成功主要歸因於後翅特化成堅硬的翅鞘，保護用來飛行的前翅，讓甲蟲在溪流湖沼、土壤落葉、植物根莖、甚至於動物糞便中來去自如時，保護較柔軟的前翅在這類棲地中不致受損，並同時有快速起飛的能力來逃避敵害，遷徙到合適的棲地中覓食或繁殖，進而演化出多樣的物種。甲蟲堅硬的翅鞘除了保護翅膀的功能之外，另一個讓人無法忽視的特徵便是翅鞘上展現的炫麗色彩、繁複紋理、與精緻的表面雕塑。本書即是丸山博士對甲蟲翅鞘與身體上華麗色斑的極致呈現。

除了介紹甲蟲的色彩多樣性與自然史，本圖鑑最特別的敘事方式在於甲蟲色斑與文化傳統上的聯想，例如，丸山博士以象徵日本美學意識的傳統紋飾如縞紋、菊花紋、石垣紋等來介紹美麗的球背象鼻蟲花紋，讓這些象鼻蟲彷彿穿戴傳統華麗服飾般的走進人們日常生活中。又如，以日本岩手縣傳統的鑄鐵器來形容擬食蝸步行蟲翅鞘上的華麗凹凸顆粒，使這些昆蟲搖身一變，成爲一群引發人類思想共鳴與親切感的大自然工藝品。以這個角度來看，丸山博士的甲蟲圖鑑不但可以做爲自然教材，同時也是工藝與藝術創作的靈感與題材。

有別於其他蟲書，本圖鑑的特色在於凸顯甲蟲身體結構，搭配色彩斑紋位置的獨特性，並適當利用微細鱗片局部放大的影像來強調此特性。全書兼顧顏色的細部表現與整體的放大效果，在學術圖鑑著重精確數據卻單調不變，和生態圖鑑強調棲地特性和昆蟲行爲之間取得平衡。本書圖文編排的簡練風格塑造出獨特的清爽閱讀氛圍，令人愛不釋手，是一本值得收藏的藝術品。

甲蟲炫麗色彩的功能除了作爲擬態、隱蔽、與警告天敵之外，許多色彩斑紋的用途仍然是大自然未解之謎。期待在本圖鑑的介紹引領下，認識甲蟲顏色的多樣性之餘，或許有人一頭鑽入甲蟲的彩色世界裡，解開這一道道光彩閃耀的謎團？

林仲平

2016/06/01 於師大分部

目次

金龜子

步行蟲

【範例】

一般名稱

黃斑紫金龜
アカオビカタハリカナブン

Ischiopsopha jamesi var. *coerulea*

學名

新幾內亞　32mm

採集地點　大小

吉丁蟲

象鼻蟲

天牛

Column

Catalogue

金龜子

黃金蟲

Chafer beetle

Scarabaeidae

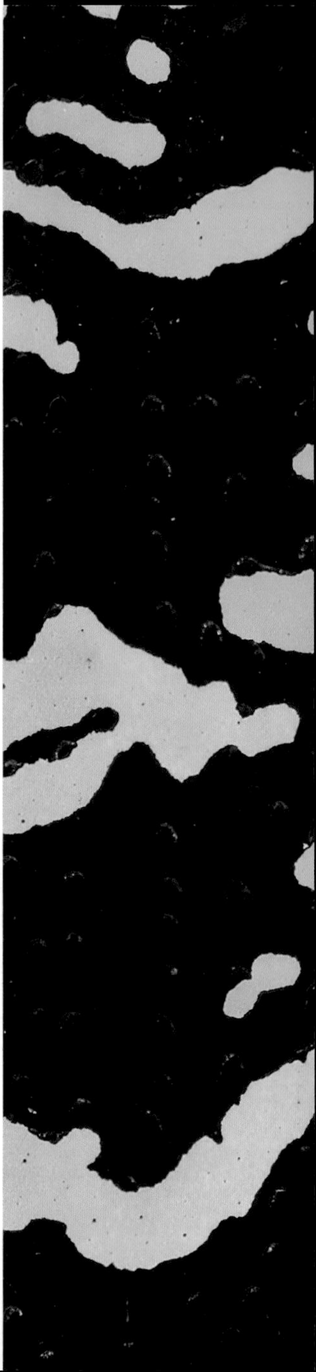

金龜子是大富翁

日本詩人野口雨情曾在其所寫的日本童謠〈黃金蟲〉中，歌詠過這種我們身邊隨處可見的甲蟲；那線條渾圓的身體，與端部層疊爲板片狀的短短觸角，正是金龜子的特徵。在金龜子這類甲蟲中，除了獨角仙（*Allomyrina dichotomus*，亦稱兜蟲）與花金龜（*Eucetonia pilifera*）之外，較爲相近的還有鍬形蟲（Lucanidae），也都是非常受到小朋友歡迎的種類。另外，會在夏天夜裡從未關上窗戶飛進來的赤銅麗金龜（*Anomala cuprea*）也是金龜子的一種，同時是本書所介紹的甲蟲中，最常出現在我們身邊的一個種類。

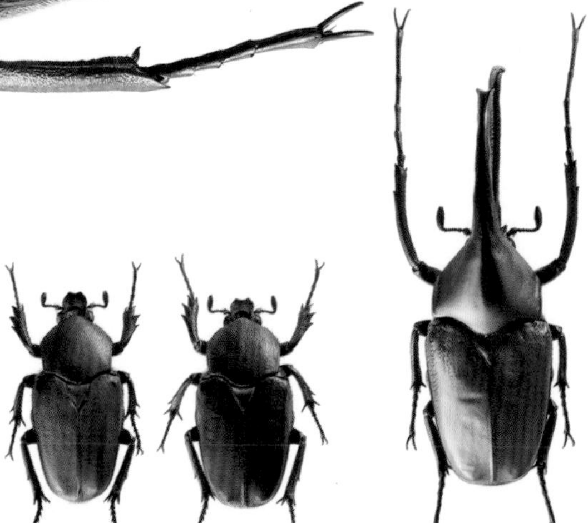

（雌蟲）

實際大小

其實大多數金龜子會把各式各樣的東西都當作食物啃咬食用。一般可大致區分爲啃咬葉子、吸舔樹木汁液、採食花粉，以及食用動物糞便這幾大類。這些食物的差異同時也反映出金龜子的口器構造與體型的不同。

這裡要特別一提的是食用糞便的糞金龜（又稱蜣螂、屎殼郎）。糞金龜將甲蟲最大的特徵，堅硬前翅的優點全力發揮到極致。舉例來說，糞金龜常會遇到以下情況，就是當糞金龜正奮力將糞便堆成像座小山時，卻發現危險迫在眼前，然而即使糞金龜的前翅沾黏到糞便，折疊在內面的後翅仍舊十分乾淨，所以牠還是能夠立即展翅逃離，不會出現妨礙飛行的情況。

另外，我們要順道一提的是在日本被歌頌爲「黃金蟲」的昆蟲，雖然有人說其實是彩虹吉丁蟲（*Chrysochroa fulgidissima*），甚至還有人說是蟑螂，但本書認爲黃金蟲應該就是「金龜子」。

獨角麗金龜 ♂

Theodosia viridiaurata
馬來西亞・婆羅洲　50mm

極東之地的異文化

澳大利亞花金龜（豪州花潛）

位於峇里島東邊的新幾內亞與澳大利亞等島嶼週邊，存在著許多與鄰近東南亞地區截然不同的獨特生物群落，而以此地區爲棲息中心地的澳大利亞花金龜也是一種非常特別的甲蟲，特別是牠們前端大多形成兩股分叉的頭部形狀，還有往後延展的前胸中央部位，全都是在其他花金龜身上看不到的特色。此外，澳大利亞花金龜在顏色方面多半給人洋溢著異國風情的感覺。

橙彩金龜

Mycterophallus dichropus
巴布亞紐幾內亞　28mm

金斑紫金龜

Ischiopsopha jamesi var. *coerulea*
巴布亞紐幾內亞　32mm

墨紫金龜

I. gagatina
巴布亞紐幾內亞　29mm

綠斑金龜

P. truncatipennis
印度尼西亞・小卡伊島　22mm

波紋茶斑金龜

Poecilopharis ruteri
印度尼西亞・哈馬黑拉島　23mm

雙紋虹綠金龜

I. dives
印度尼西亞・新幾內亞　29mm

橙腳綠金龜

M. xanthopus
印度尼西亞・新幾內亞　29mm

足部的紅棕色與
身體的青綠光澤
所形成的配色
正是精華所在

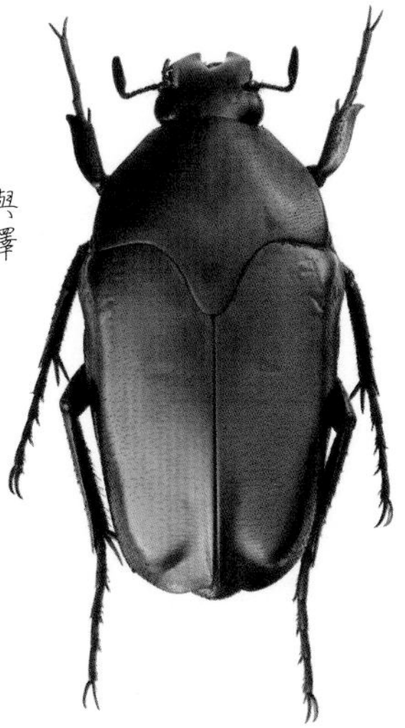

虹綠紫金龜

Lomaptera salvadorii
巴布亞紐幾內亞　30mm

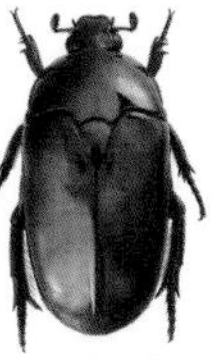

實際大小

紅腳藍寶石金龜

P. femorata
印度尼西亞・新幾內亞　21mm

巨大島嶼的豐富色彩

馬達加斯加花金龜

馬達加斯加是位於非洲大陸東方海面上的巨大島嶼，因爲島上擁有許多獨自完成進化的生物而聞名於世。馬達加斯加花金龜也是其中一例，像是有如微小波浪的花紋、黃色底色的點點圖案等等，都是只有此處才看得到的獨特花樣色彩。

橙斑黑花潛金龜

E. vadoni
馬達加斯加　26mm

實際大小

背部色彩由紅棕色
漸深至黑色的分布
變化更是美不勝收

茶翅藍斑花潛金龜

Euchroea histrionica
馬達加斯加　23mm

橙花潛金龜

E. auripimenta
馬達加斯加　25mm

藍斑花潛金龜

E. abdominalis freudei
馬達加斯加　25mm

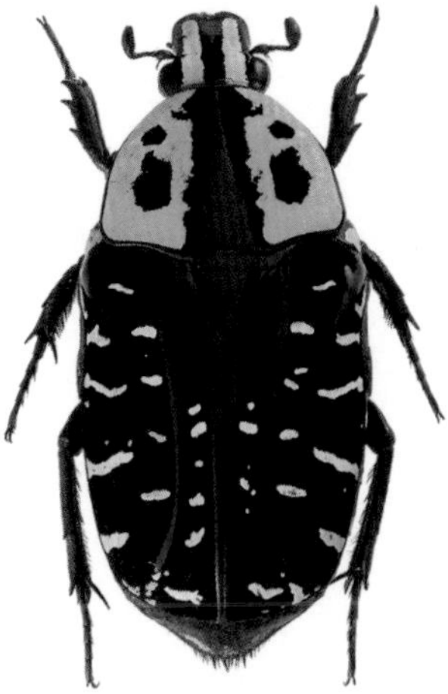

橙背藍斑花潛金龜

E. clementi var.*riphaeus*
馬達加斯加　24mm

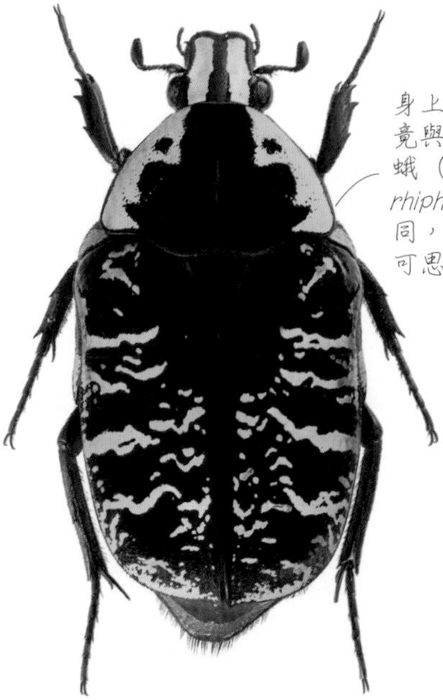

身上的獨特色調竟與同島的日落蛾（*Chrysiridia rhipheus*）這種蛾類相同，讓人不禁大嘆不可思議。

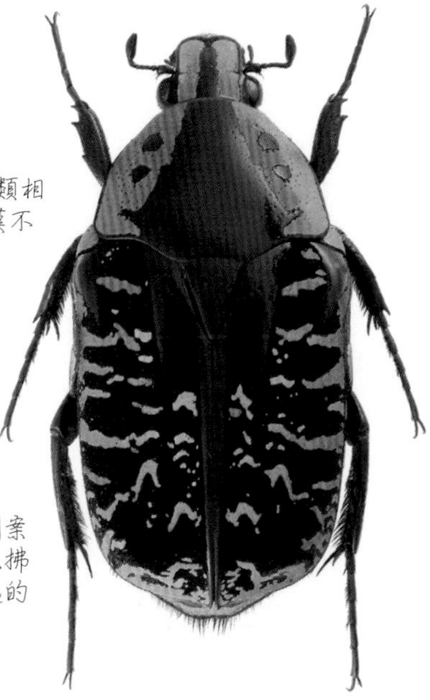

身體上的圖案有如輕風吹拂水面而泛起的小小漣漪

藍紋黑花潛金龜

E. coelestis
馬達加斯加　30mm

橙波紋黑花潛金龜

E. urania
馬達加斯加　29mm

比黃金更有價值的昆蟲

銀色寶石金龜（白金金龜子）

雖然有許多甲蟲都有著金屬般的光澤，但具有黃金或白銀般色彩的種類卻是非常地稀少，而寶石金龜正是一種擁有罕見黃金、白金、白銀等各種代表性貴重金屬色澤的珍貴甲蟲。牠們棲息在中南美洲的高海拔地區，而且此族群的數量也不多，所以某些種類的交易價格也特別昂貴，如果以重量估算的話，價格甚至比黃金還昂貴。

黑腳白金龜

Chrysina curoei
哥斯大黎加　31mm

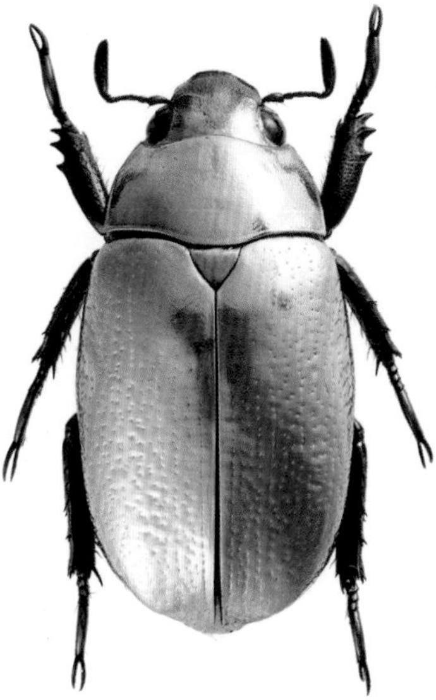

白金色與足部的
青綠色顯得對比
十分鮮明

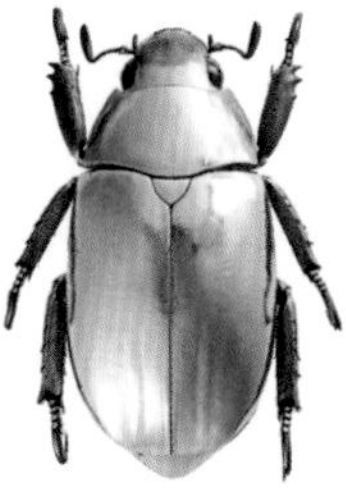

實際大小

腳尖的紫色給人高貴印象，
但有時會因個體差異，
而出現金色與泛紅金色的
不同顏色個體。

白金寶石金龜

C. chrysargirea
哥斯大黎加　30mm

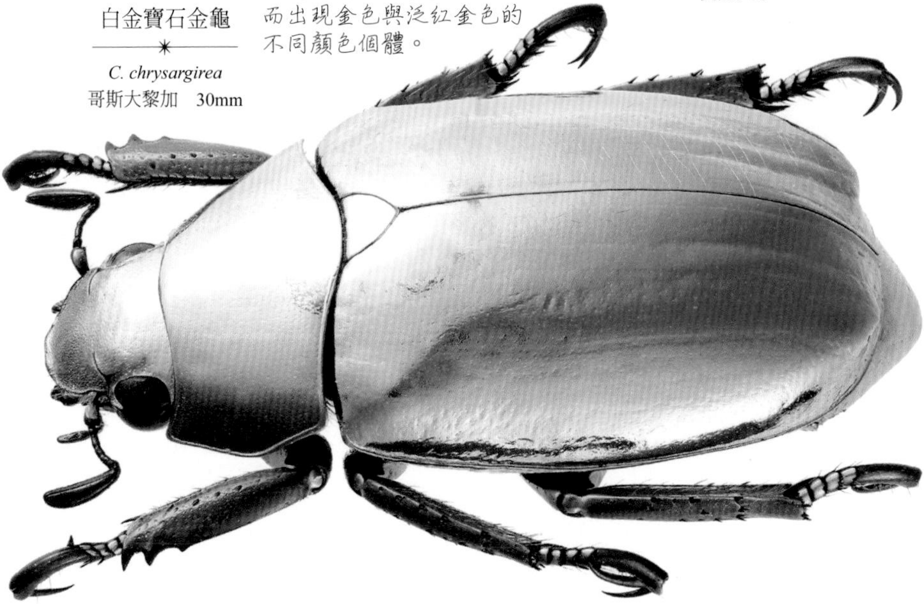

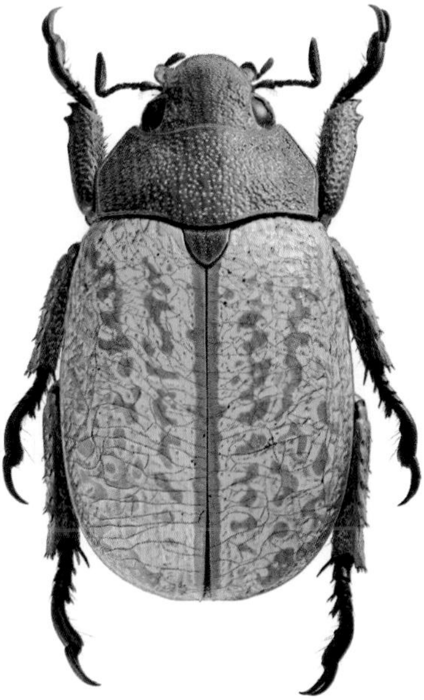

橙斑靛藍寶石金龜

C. victorina
墨西哥　32mm

雖然身體顏色一般都
是金色，但是這一隻
卻是呈現著金紅色的
色澤。

赤金寶石金龜

C. aurigans
哥斯大黎加　32mm

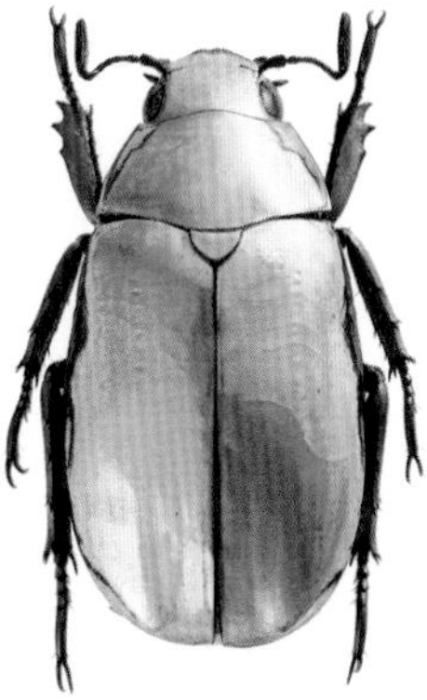

幻色白金龜

C. cupreomariginata
哥斯大黎加　22mm

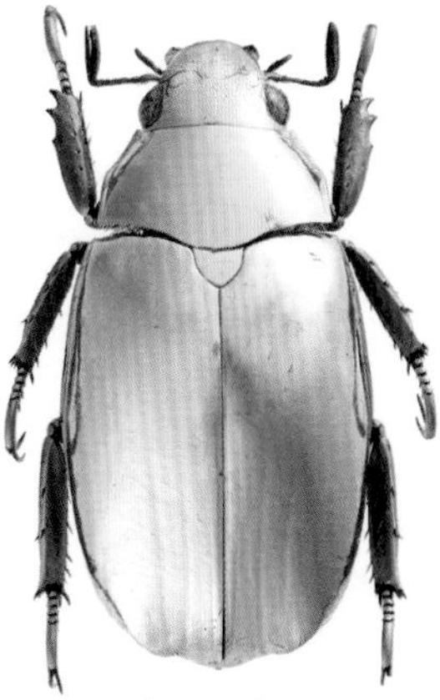

銀色寶石金龜

C. optima
巴拿馬　26mm

直條花紋與其他
甲蟲頗為不同，
更是顯得個性十足。

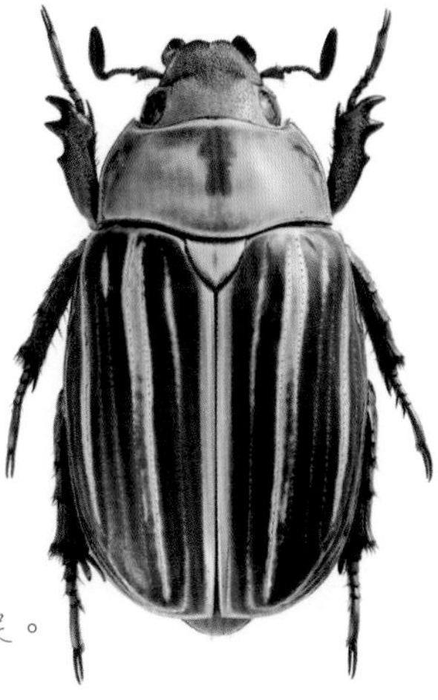

綠條寶石金龜

C. adelaida
墨西哥　28mm

所謂的「雞窩裡出鳳凰」

臭蜣螂（虹大黑金龜子）

在繽紛的色彩之外，更兼具複雜的立體造型，可說是一種魅力十足的甲蟲。不過讀者們可別太過驚訝喔！這種甲蟲其實會聚集在動物的糞便與屍骸中，甚至成蟲與幼蟲也將此作爲食物來延續生命。可是，爲什麼這種吃掉糞便的東西，竟會長成如此美麗的甲蟲？又爲什麼渾身沾滿污穢髒物但又會如此地魅力十足呢？

紫豔蜣螂

P. quadridens

墨西哥　19mm

虹豔蜣螂

Phanaeus chryseicollis

墨西哥　21mm

南美洲最南端的夕陽應
該就是這個樣子吧！

帝王豔麗蜣螂

Sulcophanaeus imperator

阿根廷　24mm

實際大小

紫金蜣螂

P. amithaon
墨西哥　25mm

豔彩蜣螂

P. amethystinus guatemalensis
瓜地馬拉　23mm

令人聯想到戰國武將設計精巧的頭盔

角胸豔蜣螂

P. floriger splendidulus
巴西　21mm

藍角背蜣螂

P. demon
尼加拉瓜　22mm

藍寶石蜣螂

Coprophanaeus saphirinus
阿根廷　21mm

茶色豔金龜

S.menelas
阿根廷　19mm

柔和的金屬光澤

金鍬形蟲（金色鍬形）

說到鍬形蟲，應該在很多人腦海裡都會浮現牠們聚集在樹汁上的場景吧！不過這個世界是很廣闊的，棲息在新幾內亞至澳大利亞間的特有種金鍬形蟲雄蟲，會利用其前腳上刀刃般的突起物割斷草類植物莖枝後，再舔食植物滲出的汁液。身上的柔和金屬光澤正是其魅力所在！

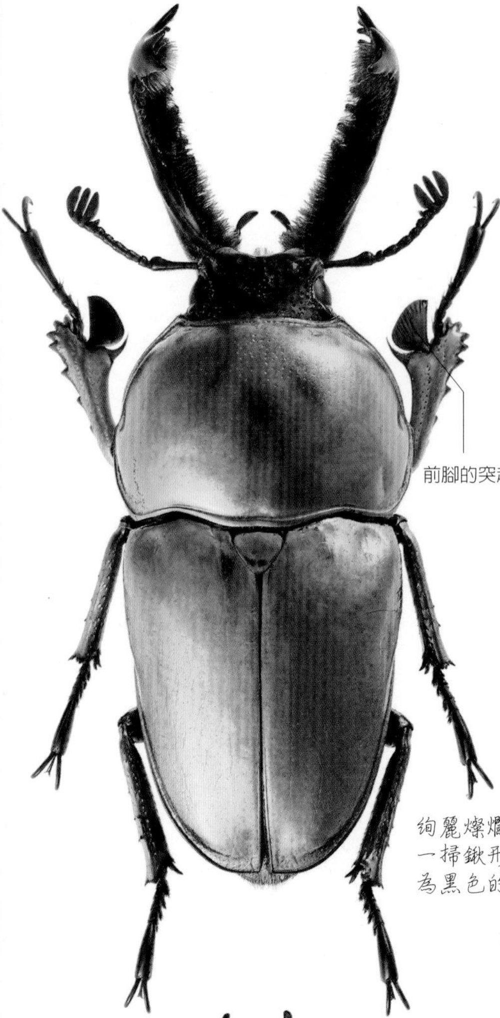

絢麗燦爛色彩
一掃鍬形蟲全
為黑色的印象

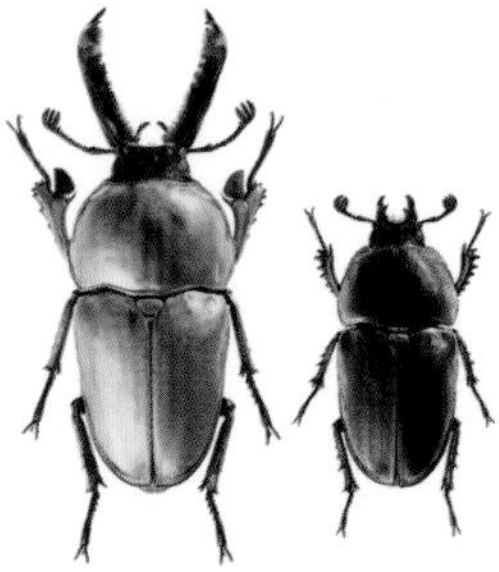

實際大小（右為雌蟲）

彩虹金鍬 ♂

Lamprima latreillei
澳大利亞　32mm

塔司馬尼亞金鍬 ♂

L. aurata splendens
澳大利亞・塔司馬尼亞島　30mm

島嶼綠金鍬 ♂

L. insularis
澳大利亞・豪勳爵島　24mm

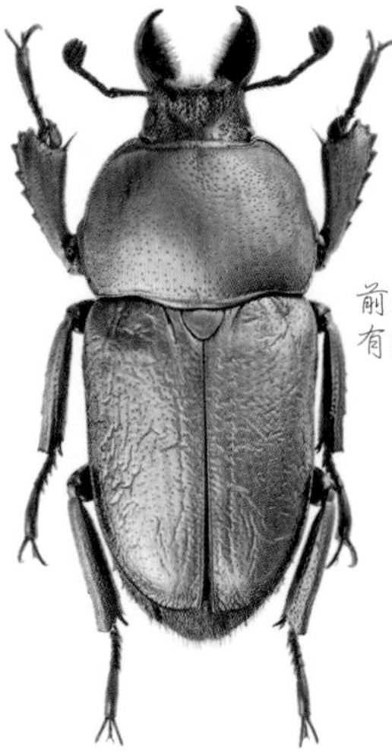

前翅上會
有皺紋

青背金鍬 ♂

L. aenea
澳大利亞・諾福克島　27mm

不管是雄蟲還是雌蟲，牠們的外觀都很鮮豔華麗。

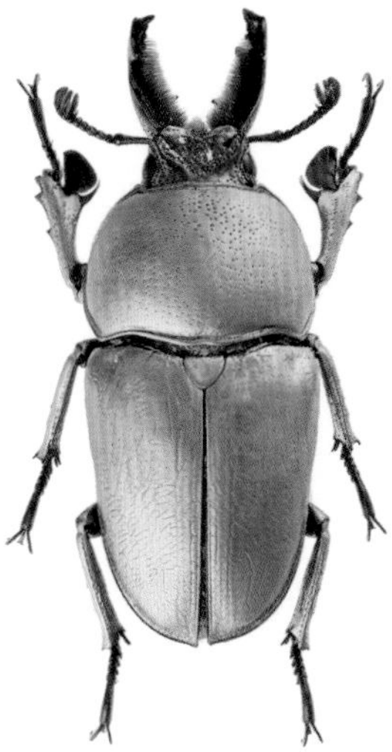

（雌蟲）

澳洲金鍬 ♂

L. aurata aurata
澳大利亞　28mm

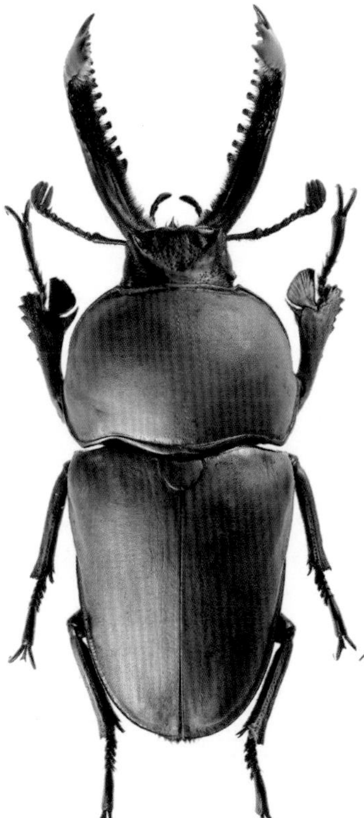

（雌蟲）

實際大小

相較於外表樸實無華的雄蟲，雌蟲顯得更為光彩華麗。

印尼金鍬 ♂

L. adolphinae
巴布亞紐幾內亞　45mm

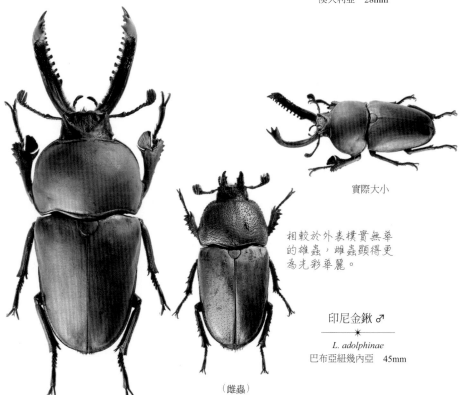

Column

何謂甲蟲？

甲蟲是地表上最爲繁盛的生物。也就是說，甲蟲是棲息於地面上種類最多的動物。舉例來說，目前已知鳥類大概有九千種、哺乳類約有四千種，但是所有昆蟲加起來可達一百萬種左右。其中光是「甲蟲」，就大概有三十七萬種的壓倒性數量，與其他生物的數量眞是相去懸殊啊！

甲蟲身上的堅硬翅膀（鞘翅）爲其特徵，同時有如盔甲般地保護著膜質的薄後翅及柔軟的腹部，而我們一般比較熟悉的種類則可舉獨角仙與瓢蟲爲例。昆蟲通常會有四片翅膀，但甲蟲身上的兩片前翅卻特化成爲厚實且堅硬的質地。甲蟲的前翅現在已不具有飛行功能，而僅藉由收藏於前翅下方的兩片後翅來進行飛行的動作。當甲蟲飛行時，其後翅會忙碌地揮動，但前翅基本上只是固定保持著舉高的動作。不過，雖然缺乏機動性，但取而代之的卻是因其前翅堅硬而在碎石中到處爬行也不會受傷，而且面對來勢兇猛的捕食者也不再毫無保護能力。此外，前翅下方形成的空間不易傳導熱氣，所以可抑制身體的水分蒸發散失，使甲蟲能夠將生活圈擴展至沙漠等地區，甚至還有利用此空間蓄積空氣而棲息於水中的甲蟲。

就這樣，甲蟲到達地面上的所有地方，並依照種類的不同而將植物、動物屍骸等各式各樣物品作爲食物。甲蟲的體型大小與形狀、顏色其實非常豐富且繽紛多樣，相對於手心般大小的巨大甲蟲，也有比米粒更小的甲蟲。甚至有寶石般美麗璀璨的甲蟲，也有好似石頭與樹枝般樸素不起眼的甲蟲。甲蟲藉著堅硬的前翅與其帶來的卓越適應力，最後成功地獲得了種族的繁榮和興盛。

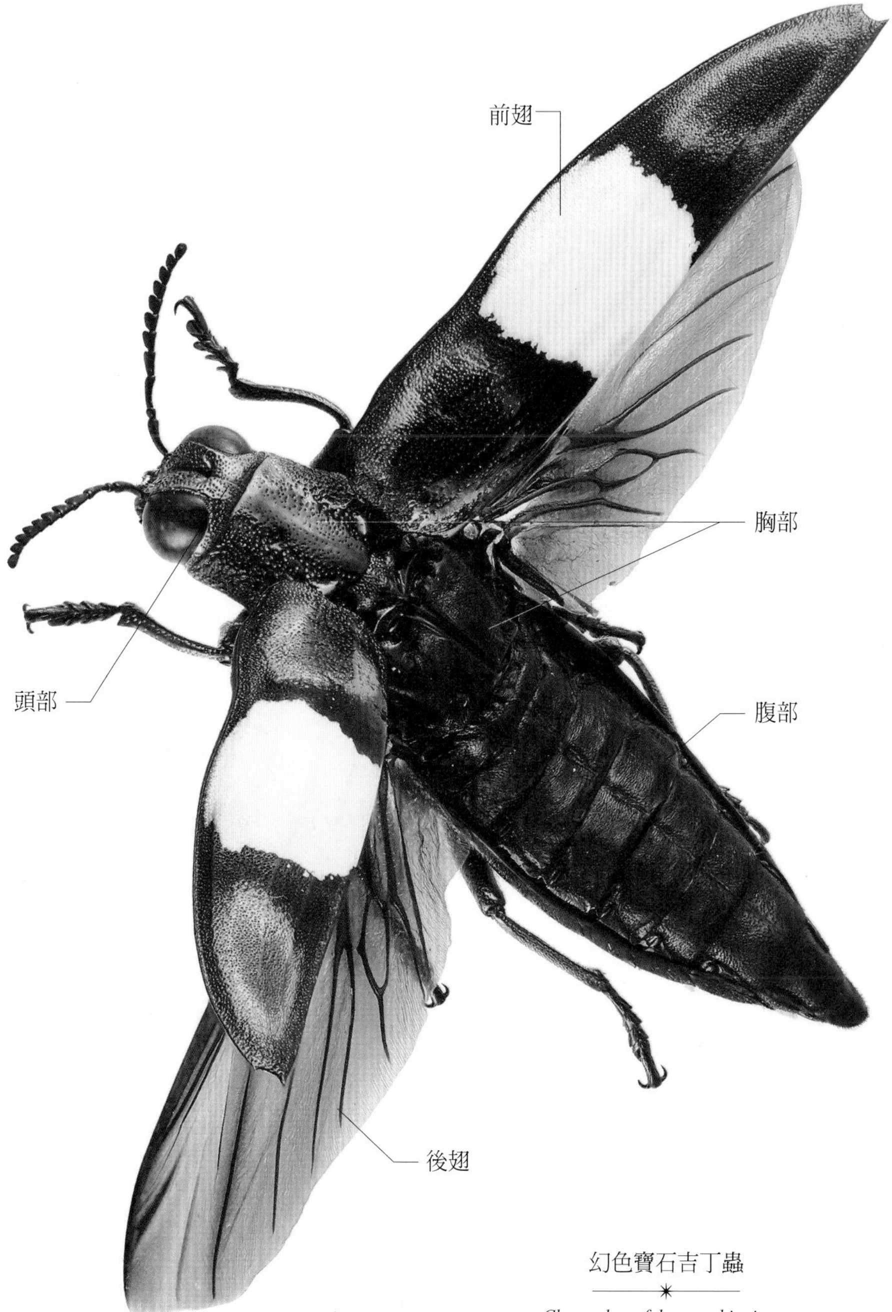

幻色寶石吉丁蟲

Chrysochroa fulgens ephippigera
泰國　34mm

步行蟲

箴蟲、步行蟲

Ground beetle

Carabidae

藍豔步行蟲

Carabus（*Procerus*）*scabrosus schuberti*

土耳其　50mm

匍匐地面、腳踏實地的生存方式

身爲昆蟲愛好者的日本漫畫家—手塚治蟲，其筆名取自於步行蟲的故事是非常有名的。不過，要看到這種步行蟲的機會其實是出乎意外的少，而原因就在於步行蟲的生活方式。

步行蟲這類昆蟲爲了尋找食物，每天晚上都會在落葉底下四處奔走來回，休息時則鑽入石頭下方，而且幾乎都只在地面附近棲息生活，是一種不常爬上樹木或飛到空中的甲蟲。也因爲這樣的生活模式，所以有不少種類的步行蟲後翅都已開始退化消失，甚至無法飛行。

　　而且相較於明亮的白天，還有不少種類的步行蟲都比較喜歡在黑暗包圍的夜晚活動，但只要想想牠們的習性，倒也是很自然的情況。就是因爲這樣，大家才會很少看到步行蟲的蹤跡。

　　昆蟲之所以能在地球上繁衍興盛和迅速發展，其實是從牠們在進化過程中取得翅膀開始。當時，牠們因爲擁有翅膀而得以脫離到處充滿各種生命的地面，飛到空間仍然充裕的空中，進而擴展生活環境。之後又經過了一段極爲漫長時間的演化，某些昆蟲選擇了匍匐地面、腳踏實地的生活方式，在在顯示了生物多樣性的趣味。

　　我們在這一章中也會介紹同爲步行蟲科的凹唇步甲（*Catascopus*），這類甲蟲因爲會在地面與倒伏樹木上方來回爬行走動，以捕捉其他昆蟲與蚯蚓，所以有著非常細長的腳部。

實際大小

在寒冷土地上也展露無比華麗光彩

黃金步行蟲（黃金筬蟲）

提到燦爛奪目的甲蟲，很多人應該會想到的都是生長在熱帶的種類；事實上，在冬天比日本更為嚴寒的歐洲大地上，同樣也棲息著許多色彩斑斕繽紛的甲蟲，其中的代表性種類就是黃金步行蟲。這類甲蟲身上全都有著光澤十足的色彩，甚至不少種類外表就像是精雕細琢後的金屬，而且每個小小棲息地，步行蟲在外表與形體方面也都會有著細微的差異。

青胸黃金步行蟲

Carabus（*Chrysocarabus*）*rutilans perignitus*
安道爾　30mm

虹藍步行蟲

Ca.（*Ch.*）*solieri bonadonai*
法國　25mm

奧林匹亞青背步行蟲

Ca.（*Ch.*）*olympiae*
義大利　35mm

實際大小

閃爍著綠色的金屬光澤，但卻有著深紫色的胸部。這種昆蟲只生存在義大利北部的某一個山谷之中。

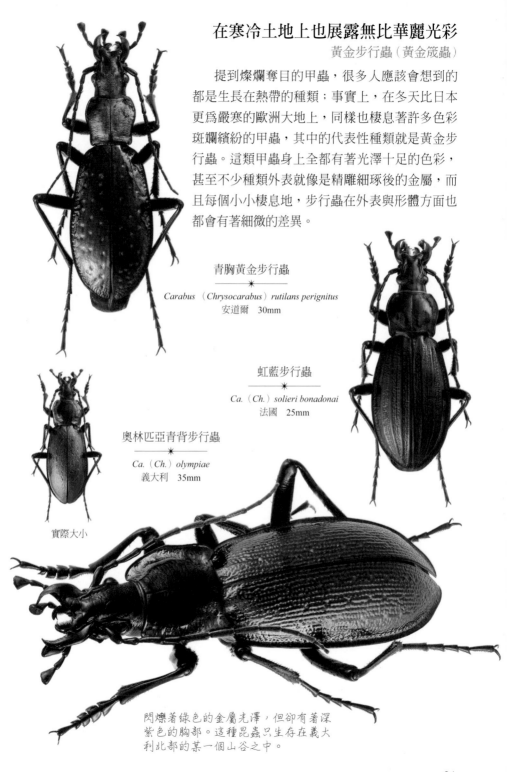

直線條紋還鑲著紅棕色的邊緣，應該拿來當作配色的參考啊！

好像可以作為鏡子使用

青條黃金步行蟲

Ca.（*Ch.*）*lineatus lineatus*
西班牙　23mm

實際大小

華麗黃金步行蟲

Ca.（*Ch.*）*splendens*
法國　25mm

青色的翅緣很時尚

金背步行蟲

Ca.（*Ch.*）*hispanus*
法國　31mm

黃金步行蟲

Ca.（*Ch.*）*auronitens auronitens*
法國　24mm

簡直就是「南部鐵器」

擬食蝸步行蟲（擬蝸牛被）

在擁有廣大土地與複雜地形的中國大陸，現今仍存在著許多人們無法著手調查的地區，所以到目前每年都還是會持續找到數量繁多的嶄新種類。也可以說，這些擬食蝸步行蟲正是代表了深遠博大的中國產昆蟲，牠們身上的華麗凹凸顆粒給人極深刻印象，總讓人聯想到有「南部鐵器」之稱的日本岩手縣傳統的鑄鐵器物。

青背擬食蝸步行蟲

Carabus（*Coptolabrus*）*smaragdinus branickii*

韓國　43mm

擬食蝸步行蟲

Ca.（*Co.*）*nankotaizanus miwai*

台灣　44mm

實際大小

瘤翅擬食蝸步行蟲

Ca.（*Co.*）*pustulifer mirificus*

中國　45mm

華麗的凹凸顆粒讓身體看起來彷彿是寺院的梵鐘

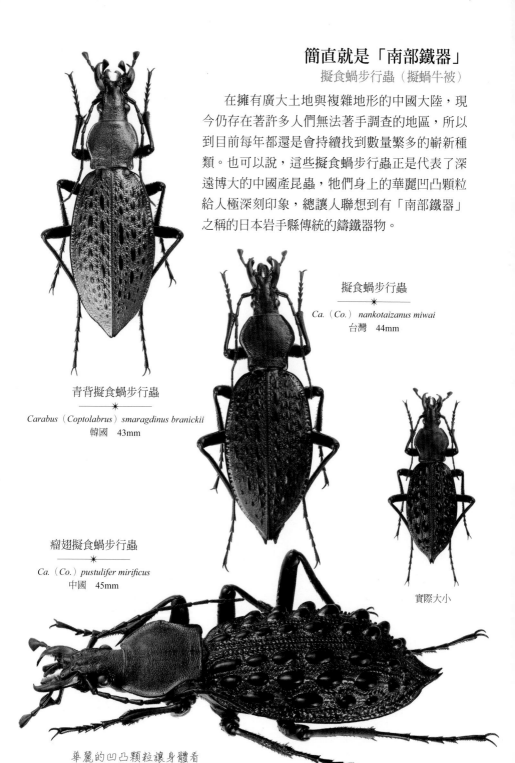

點綴在背上邊
緣的微微光澤
非常典雅美麗

日本擬食蝸步行蟲

Ca.（Co.）*fruhstorferi*
日本・對馬　38mm

鎧甲擬食蝸步行蟲

Ca.（Co.）*augustus* ssp.
中國　45mm

藍胸擬食蝸步行蟲

Ca.（Co.）*lafossei* ssp.
中國　44mm

金綠擬食蝸步行蟲

Ca.（Co.）*ignimitella* ssp.
中國　46mm

漆黑的底色看起
來就像是日本的
「南部鐵器」

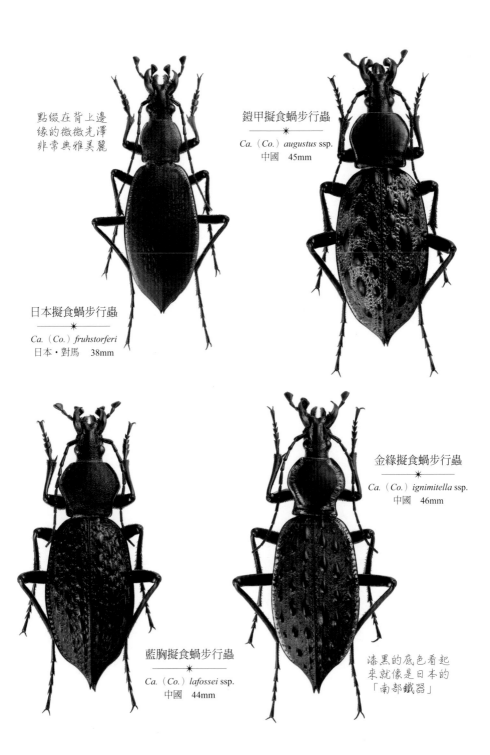

漫步在北國土地上的寶石

大琉璃步行蟲（大瑠璃筬虫）

日本的生物群聚受中國大陸極深影響。特別是北海道，據說兩億年前還與亞洲大陸的土地連接，所以才會保留色彩濃厚的大陸生物群系特色；而外表散發著金屬光澤的大琉璃步行蟲正是其中的代表。相較於色調多為樸素低調的日本步行蟲，北海道的大琉璃步行蟲更顯絢麗華美，其背上的顏色與凹凸顆粒還會因北海道各棲息地點不同而有差異。從俄羅斯到朝鮮半島、中國大陸等地分布著多樣化的親緣關係接近分類群。

實際大小

北方的大地上
竟有著如此美
麗燦爛的昆蟲

大琉璃步行蟲

Ca.（*A.*）*gehinii gehinii*
日本・北海道（札幌市）　35mm

大琉璃步行蟲（北海道島牧型）

Carabus（*Acoptolabrus*）*gehinii nishijimai*
日本・北海道（島牧村）　32mm

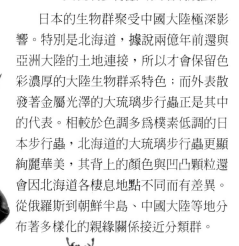

大琉璃步行蟲（北海道網走型）

Ca.（*A.*）*gehinii konsenensis*
日本・北海道（網走市） 31mm

大琉璃步行蟲（北海道樣似町型）

Ca.（*A.*）*gehinii sapporensis*
日本・北海道（樣似町） 29mm

大琉璃步行蟲

Ca.（*A.*）*gehinii gehinii*
日本・北海道（洞爺湖町） 32mm

虚缐的刻痕给人
精细雅緻之感

大琉璃步行蟲（北海道神惠內村型）

Ca.（*A.*）*gehinii shimizui*
日本・北海道（神惠內村） 30mm

大琉璃步行蟲（北海道八雲町型）

Ca.（*A.*）*gehinii munakatai*
日本・北海道（八雲町） 30mm

以色彩展現自我主張

智利步行蟲（智利箴虫）

步行蟲通常以一大群的型式棲息於歐亞大陸、北美大陸北部、非洲北部等區域，而澳大利亞與南美洲的智利週邊也分布一些特色各異的類群。智利步行蟲主要生活在山區，而且各地方都有不同種類棲息分布。從紅色、綠色等華麗樣式，到只有單一褐色的樸實類型都有，讓人不禁對於同一種類的甲蟲，其顏色竟有如此大之差異而深感驚奇。

映照在荒涼大地上
的鮮豔虹彩光澤

智利虹翅步行蟲

Ceroglossus chilensis latemarginatus
智利　29mm

實際大小

智利銅彩步行蟲

C. chilensis ficheti
智利　29mm

這種步行蟲在色
彩上則是走樸素
低調的路線

智利摩卡步行蟲

C. chilensis mochae
智利　25mm

智利銅綠青胸步行蟲

C. ochsenii
智利　25mm

智利藍彩步行蟲

C. chilensis solieri
智利　30mm

很像從外太空
看到的地球藍

智利虹藍步行蟲

C. magellanicus caburgansis
智利　26mm

智利金胸步行蟲

C. chilensis villaricensis
智利　27mm

智利步行蟲

C. chilensis angolicus
智利　30mm

青與褐這兩種色彩
所形成的配色
令人留下深刻印象

智利金翅步行蟲

C. chilensis colchaguensis
智利　27mm

實際大小

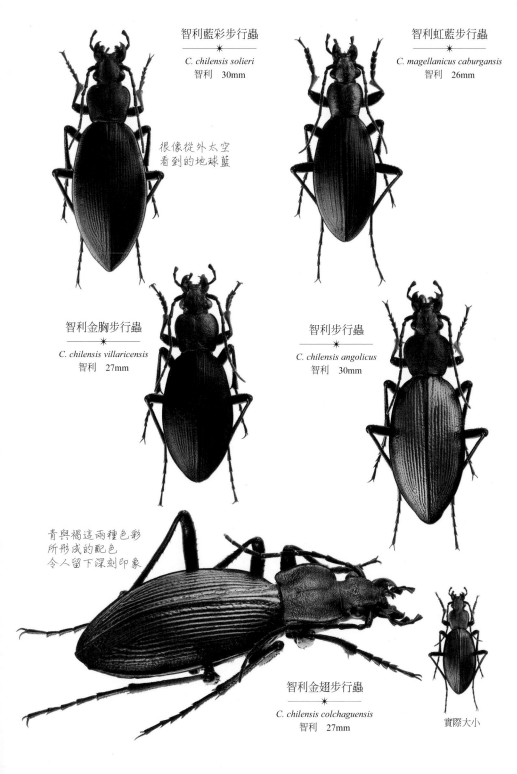

隱藏在枯木間的珍貴原石

凹唇步甲（後歯塵芥虫）

到目前爲止，我們介紹的都是比較大型的步行蟲，其實大多數的步行蟲科都屬於小型甲蟲。牠們一般都被稱之爲「步甲（*Anisodactylus signatus*）」；而其中可以看到光彩格外閃耀的就是凹唇步甲，在東南亞的熱帶雨林入夜後於枯木間都可以見到牠們四處來回奔走的蹤跡；而且只要見到被燈光照射到的凹唇步甲，一定會被那耀眼光彩大吃一驚。

鹿兒島姬步行蟲

C. ignicinctus

日本・鹿兒島　12.6mm

彷彿混入墨色的藍色、藍黑色。

實際大小

到目前為止，所介紹的步行蟲都是體型較大的種類。

彩藍姬步行蟲

Catascopus laotinus

寮國　23mm

金光姬步行蟲

C. presidens

馬來西亞　17.5mm

有著如迷彩圖案般的複雜色彩

梭德氏姬步行蟲

C. sauteri

台灣　14.2mm

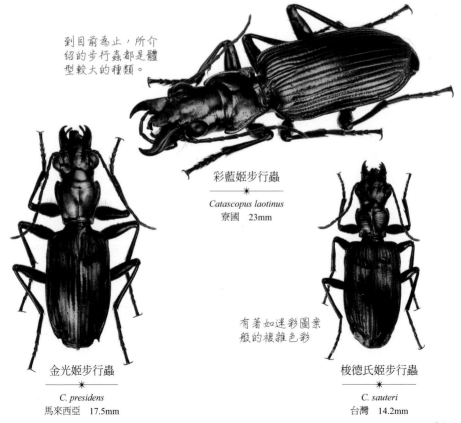

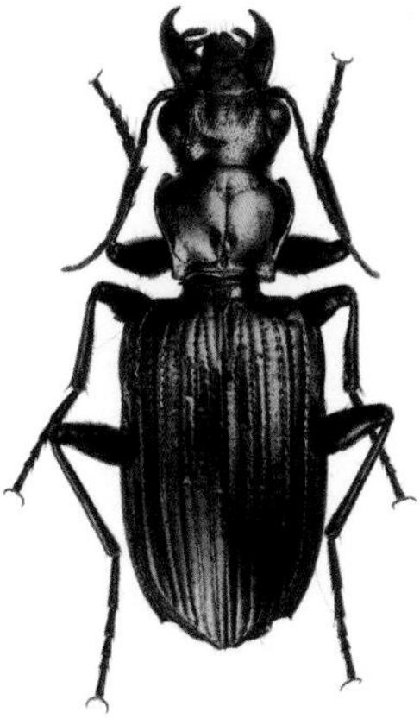

靛翅姬步行蟲

C. facialis
寮國　14.5mm

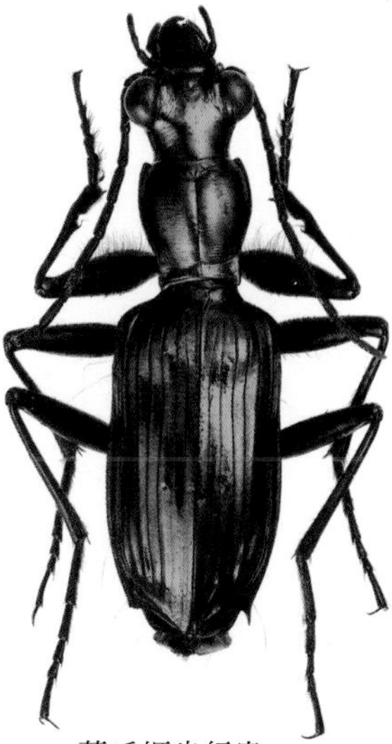

蒙氏姬步行蟲

C. vollenhoveni
印度尼西亞・峇里島　17.5mm

青姬步行蟲

C. agnathus
印度尼西亞・斯蘭島　14mm

銅色姬步行蟲

C. cupripennis
馬來西亞・婆羅洲　14.7mm

看到青色系後，
便會深受吸引。

藍豔青頭姬步行蟲

C. regalis
印度　16.8mm

Column

閃閃發光的原因

在衆多甲蟲中，有許多類群都有著鮮豔華麗及閃閃發光的色彩，因爲這些甲蟲大多是爲了在陽光照明強烈的時間活動而顯得更爲醒目。這麼一來，也就很容易被鳥類與蜥蜴等天敵發現。在時時刻刻都有天敵來襲危險的自然界當中，閃閃發光這件事到底意味著什麼呢？

這其實是有幾個原因的。

許多有著明顯色彩的晝行性甲蟲都具有毒性，這些甲蟲常常藉由散發惡臭氣味，或是發出苦味等方式來面對天敵的侵襲。一般認爲，甲蟲是爲了讓天敵清楚記得牠們並不美味可口，或是具有毒性等，才會發展出如此絢爛華麗的外表。像是擁有紅底黑點點圖案而廣受歡迎的瓢蟲，只要一感覺到危險徵兆，就會立刻分泌出黃色汁液，而鳥類極不喜歡這種黃色汁液，只要記住一次這種感覺，之後即使再看到瓢蟲也就不喜歡吃掉牠們了。瓢蟲那種讓人感覺非常可愛的外表，其實也是一種對天敵發出警告的方式。此外，鳥類一般都具有對於發光物體保持警戒的習性，所以甲蟲的耀眼光芒應該也是一種牽制鳥類這種天敵的方法。

另一方面，讓人乍看之下非常醒目的金屬光澤，其實有時候反而可以帶來遮蔽隱藏的效果。或許日本境內國土大多處於溫帶及寒帶氣候的環境，所以不容易清楚說明這種情況，可是在刺目陽光強烈籠罩下的熱帶地區，金屬光澤反而是不太搶眼醒目的，甚至另有一說是這些閃耀奪目的光澤或許與體溫的調節有所關聯（本書第52頁）。

因爲這種種情況，我們可以知道甲蟲耀眼光彩的原因出乎意料外地複雜。甲蟲在歷經比人類更爲悠久漫長的四億年間演化後，身上早已深藏了許許多多逃避敵害的優異技巧。

吉丁蟲

吉丁虫、玉虫

Jewel beetle

Buprestidae

莫氏吉丁蟲

Megaloxantha mouhotii

泰國　61mm

實際大小

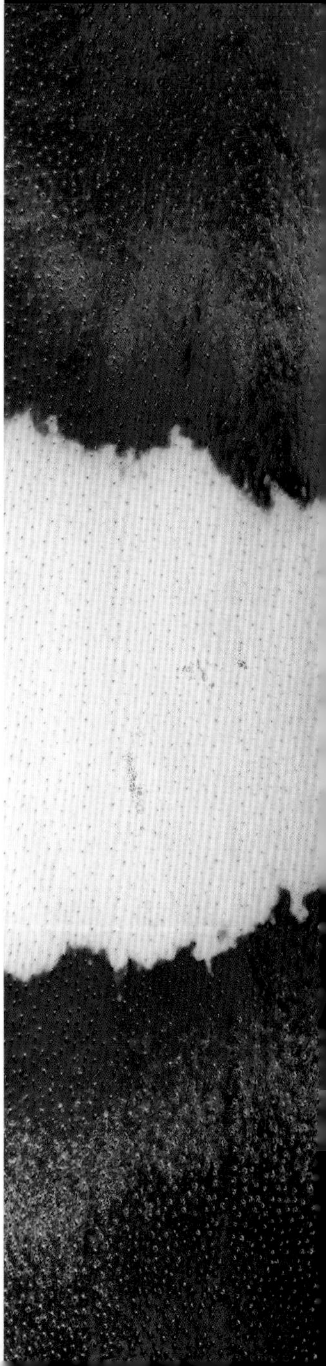

死後更加美麗

在這些閃閃發光的甲蟲中，也有不少是具有極爲別緻金屬光澤的類群；像是棲息在日本的彩虹吉丁蟲（*Chrysochroa fulgidissima*）就是會散發出媲美寶石的光芒，並在盛夏的炙熱時刻裡來回飛翔在樹梢間，並且一閃一閃地反射著太陽的光芒。

因彩虹吉丁蟲的光芒在死後會更加耀眼，所以有些在日本會把牠們當作是護身符與裝飾品使用；像是安置在日本奈良縣法隆寺「玉蟲櫥子」的做工部分就使用了將近五千隻彩虹吉丁蟲的前翅。這件作品被認爲是飛鳥時代的最佳傑作，也已經被日本政府指定爲國寶的佛教工藝品。除此之外，國外也有類似的實例。

像是位於比利時最大城市布魯塞爾（Brussels）的皇家宮殿裡，就使用了數量多達一萬四千隻的彩虹吉丁蟲，牠們的前翅被毫無間隙地黏貼裝飾在部分天花板及垂掛於此的吊燈之上。創作出這個作品的藝術家，就是著名生物學者——尚　亨利．法布爾的曾孫。

昆蟲的壽命很短暫，有許多種類都是在一年間就會結束生命。不過在這些昆蟲中，棲息於美國的美國紅緣吉丁蟲（*Buprestis aurulenta*）就有過幼蟲期長達50年的紀錄。牠們會在幼蟲時期生活於枯木當中，藉由啃食木屑生長。因爲枯木的營養成分不高，所以具有這種食性的昆蟲，其幼蟲時期往往相當漫長，若再加上水分與營養條件都非常惡劣時，整個幼蟲時期就會拖得更久。

在本章中，我們同時也會介紹形態上與彩虹吉丁蟲有點相似的叩頭蟲（Click beetle，Elaterinae）。這兩者同樣都有著長紡錘形的體型。

眞是高不可攀、簡直難以接近啊！

吉丁蟲（瑠璃吉丁虫）

這是生活在東南亞的多樣化吉丁蟲當中的一群，與日本吉丁蟲亦屬於同類。許多種類都會在高高的樹梢及週邊活動，並以特定樹種的葉子爲食。在東南亞只要抬頭查看這類樹木，就可以發現許多漂亮種類的吉丁蟲，正在高高樹梢間來回飛行著。牠們一般都是出現在捕蟲網也無法搆及的高處，所以我們也只能在樹下羨慕地看著牠高飛。

實際大小

彩虹吉丁蟲

Chrysochroa fulgidissima
日本・琦玉縣　40mm

好似在嶄新彩紙畫上
一筆白彩

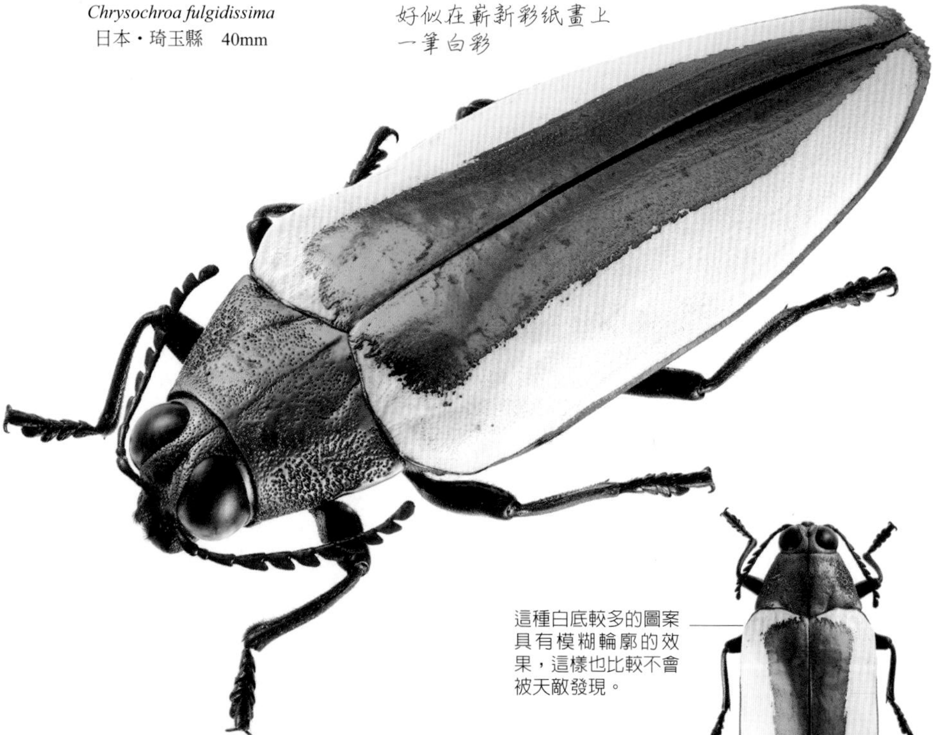

彩色寶石吉丁蟲

Ch. limbata
馬來西亞・婆羅洲　56mm

這種白底較多的圖案具有模糊輪廓的效果，這樣也比較不會被天敵發現。

實際大小

彩裳琉璃吉丁蟲

Ch. saundersii
印度　52mm

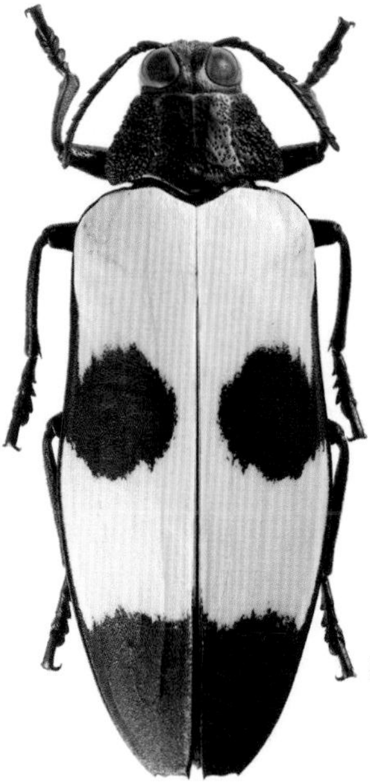

充分運用底色，
這種運筆給人
一種豁達的感
覺。

藍斑琉璃吉丁蟲

Ch. buqueti
馬來西亞　50mm

黃斑藍寶吉丁蟲

Ch. margotana
泰國　46mm

背上的些許
圖案點亮了
整個底色

華麗三彩吉丁蟲

Catoxantha nagaii
馬來西亞・刁曼島　50mm

乾燥地區的一帖清涼劑

隆背吉丁蟲（太吉丁虫）

在季節因素導致的極端乾燥樹林及半沙漠等地區，也有一群棲息於乾荒土地的吉丁蟲。牠們有著渾圓厚實的體型，身軀也顯得粗壯厚重，這種色彩能夠抵擋強烈日照與乾燥氣候。某些種類的外表甚至好像礦物般；也有許多種類則是身上處處長有濃密短毛，一部分卻是長出像毛筆一樣的毛束，外型極爲獨特怪異。

顏色與形體都讓人聯想到成熟的可可果實

實際大小

安哥拉紫豔吉丁蟲

Sternocora feldspathica
安哥拉　43mm

好似精靈般妙趣橫生

南非毛斑吉丁蟲

Julodis cirrosa hirtiventris
南非　33mm

印度茶翅吉丁蟲

S. chrysis
印度　38mm

坦桑尼亞妖豔吉丁蟲

S. pulchra
坦尚尼亞　43mm

也有胸背點刻
為虹彩般顏色
的種類

泰國虹彩吉丁蟲

S. aequisignata
泰國　45mm

火山坑口般的底色
覆蓋著一層細細短
毛

背上的紅橙邊看起
來頗為清新鮮活

敘利亞藍寶石吉丁蟲

S. syriaca
衣索比亞　39mm

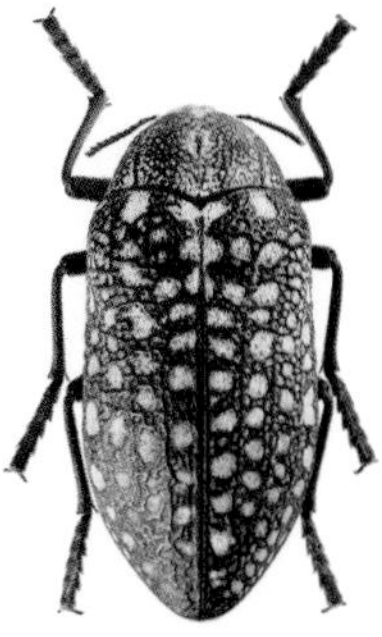

實際大小

乳丁吉丁蟲

J.faldermanni
巴基斯坦　34mm

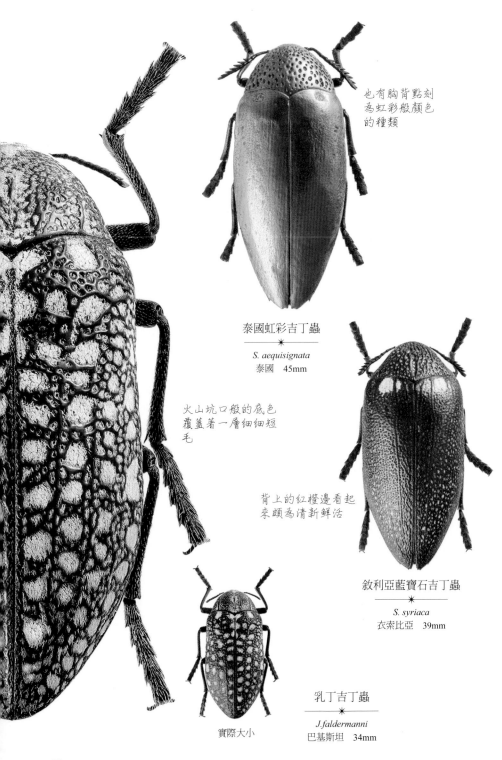

從遠古時代至今未變的審美意識

昔吉丁蟲（昔吉丁虫）

澳大利亞及新幾內亞等地區從古老年代開始就遠離其他大陸而孤獨矗立著，目前這些區域還保留著無尾熊與袋鼠那樣的原始動物，昔吉丁蟲也是這類生物的典型之一；現在仍有許多種昔吉丁蟲棲息於這些地區。相較於其他地區以金屬光澤爲主的吉丁蟲，這類吉丁蟲擁有著原色系華麗特異色調，和其他地區的吉丁蟲在色彩上大異其趣。

澳洲古色斑吉丁蟲

Stigmodera roei
澳大利亞　31mm

點刻古色吉丁蟲

S. sanguinosa
澳大利亞　28mm

這種吉丁蟲彷彿是在背上鑲嵌了許多的迷你綠寶石

身上有著黑帶圖案，好似武功高手所繫的黑帶，散發出獨特的風格。

實際大小

黑帶典雅吉丁蟲

Metaxymorpha nigrofasciata
印度尼西亞・新幾內亞島　29mm

實際大小

根本無法想像
這是昆蟲的圖
案與配色

黃帶藍寶吉丁蟲

Calodema ribbei
印度尼西亞・新幾內亞島　42mm

金斑吉丁蟲

S. macularia
澳大利亞　27mm

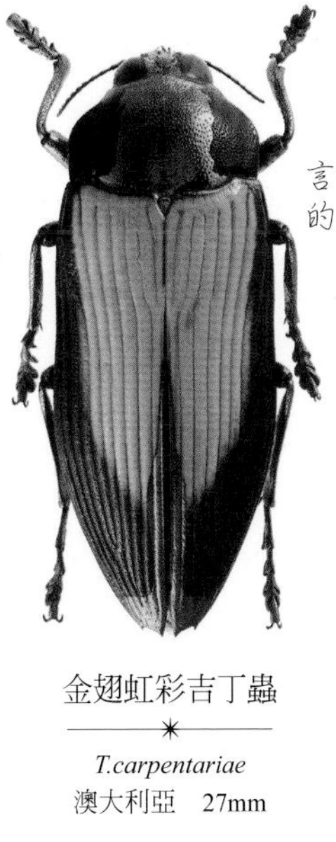

言語難以形容
的別緻色彩

金翅虹彩吉丁蟲

T.carpentariae
澳大利亞　27mm

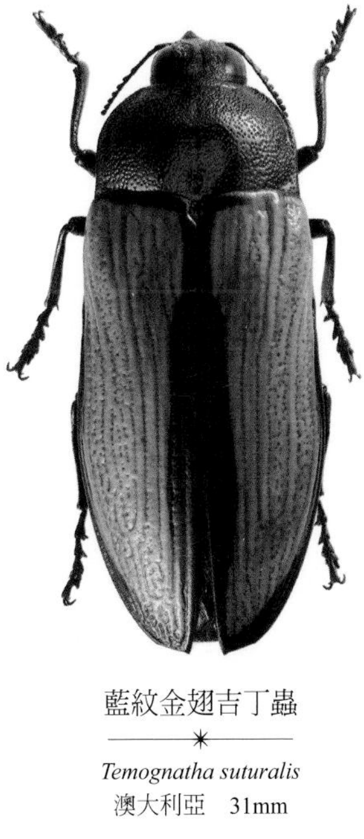

藍紋金翅吉丁蟲

Temognatha suturalis
澳大利亞　31mm

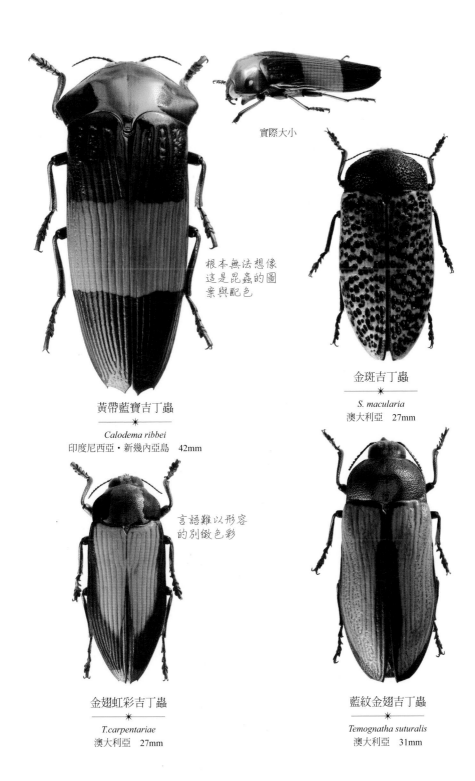

華美絕倫，卻深藏不露

幻色藍寶石吉丁蟲 （変吉丁虫）

幻色藍寶吉丁蟲和前文介紹過的馬達加斯加花金龜同樣都被認為是馬達加斯加代表性的甲蟲。這類甲蟲有著各式各樣的外型，包括紡錘狀體型，或是其他吉丁蟲也未見過的圓形，甚至是前胸部位橫向突出的特殊造型等等。其中有些乍看之下好似樸實無華的黯淡燻銀，但其實牠們的腹部卻顯現出華美光彩的金屬光澤。

幻色藍寶吉丁蟲

Polybothris sumptuosa
馬達加斯加　34mm

實際大小

列在此類的吉丁蟲絕對都有著少見的精彩花紋

可說是顛覆吉丁蟲紡錘形體型，而有著圓盤形身軀。

黑斑吉丁蟲

P. navicularis
馬達加斯加　31mm

圓盤黑吉丁蟲

P. auriventris
馬達加斯加　27mm

低調無華的同時，又
帶給人和風的美感。

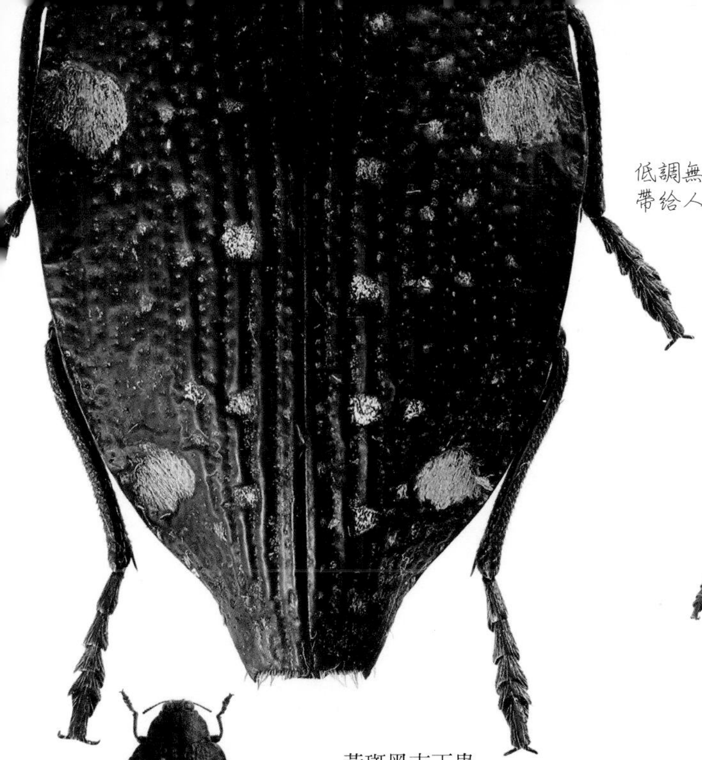

黃斑黑吉丁蟲

P. auropicta
馬達加斯加　25mm

幻斑吉丁蟲

Apateum zivettum
馬達加斯加　29mm

實際大小

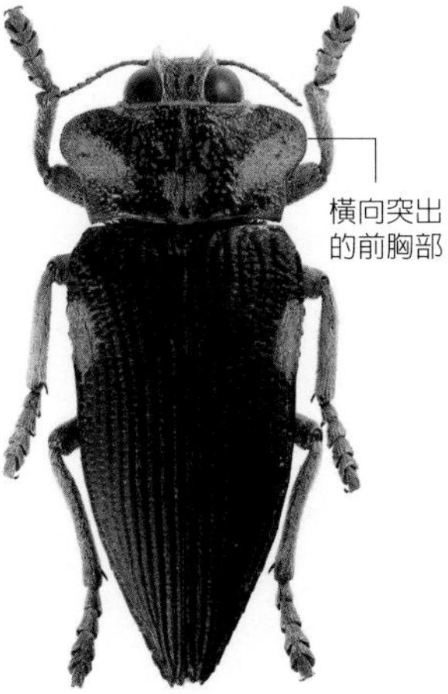

角胸黑吉丁蟲

P. expansicollis
馬達加斯加　30mm

茶斑黑吉丁蟲

P. aurocyanea
法屬・馬約特島　32mm

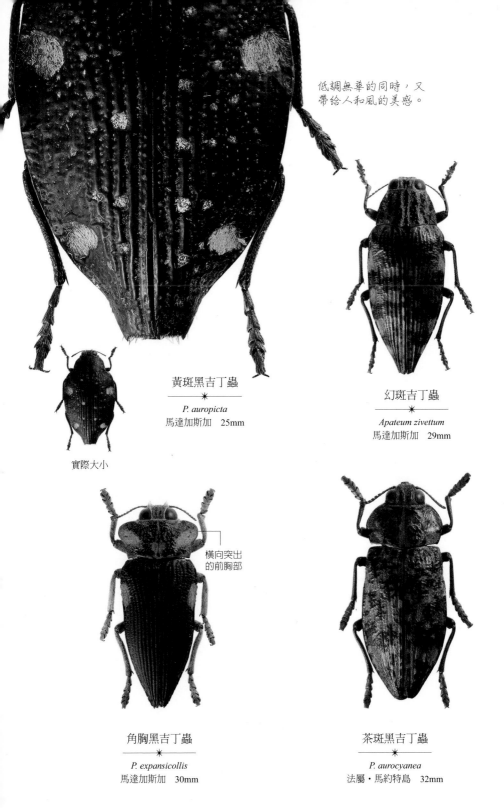

才貌雙全

大青叩頭蟲（大青叩頭虫）

當叩頭蟲翻倒且腹部朝上時，牠們會啪地一聲騰身跳躍而翻轉過來，並回到原本爬行的姿態；在日本街上常可見到各種叩頭蟲。只要前往八重山群島以南的亞洲熱帶地區，就能見到許多種類的叩頭蟲，色彩璀璨程度可與吉丁蟲難分軒輊，甚至更勝一籌。當然，牠們全都具備優異的跳躍能力。

近似黑色的深綠感覺無邊無際，呈現出一種雅緻之感。

靛藍姬麗叩頭蟲

C. sp.
馬來西亞　24mm

赤紅麗叩頭蟲

C. sp.
泰國　35mm

連腹部內面都如此美麗，牠們會使用位於腿部基節處的突起及凹槽跳躍。

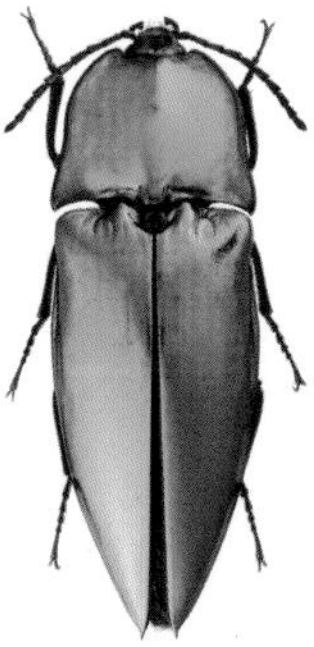

實際大小

藍腹麗叩頭蟲

Campsosternus cyaniventris
馬來西亞・婆羅州島　41mm

銅色麗叩頭蟲

C. sp.
印度尼西亞・蘇門答臘　27mm

大林氏麗叩頭蟲

C.nobuoi
日本・石垣島　33mm

紅胸條背麗叩頭蟲

C. sp.
印度尼西亞・婆羅洲島　38mm

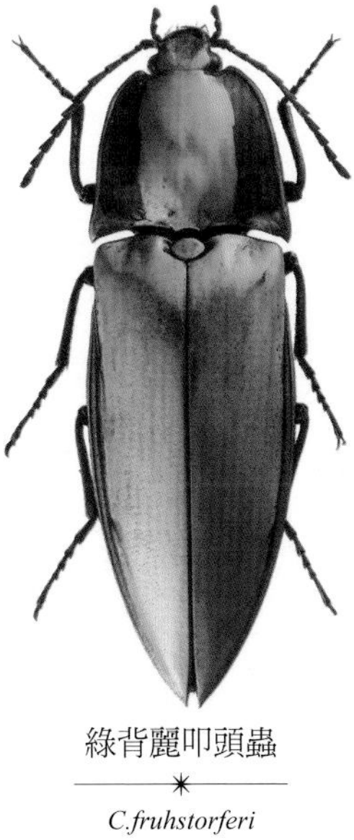

綠背麗叩頭蟲

C.fruhstorferi
越南　33mm

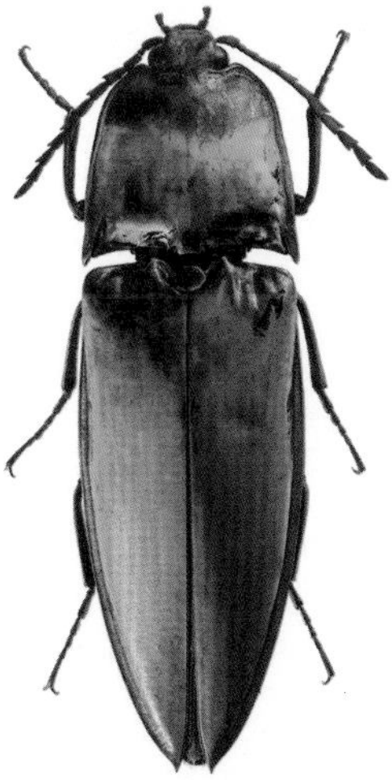

虹紋麗叩頭蟲

C. rutilans
菲律賓・萊特島　32mm

鮮豔的紅色給人
別緻之感

朱紅麗叩頭蟲

C. vitalisianus
越南　33mm

2

1

3

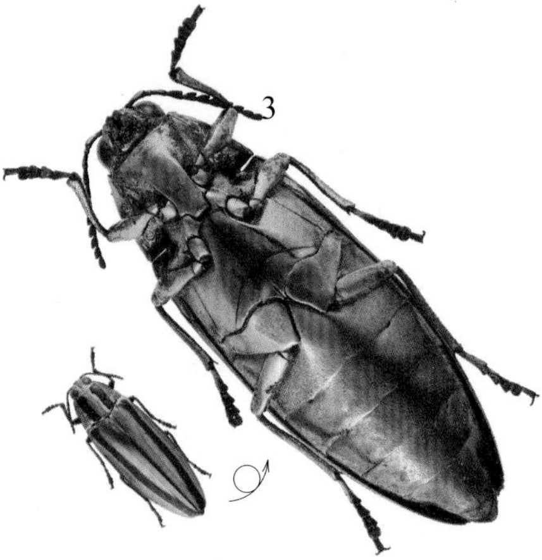

不管是桌子或是鞋子，內側底面通常是我們不會注意到的地方，即使因爲特別重視某些機能，一般還是不會特地考慮內側美觀與否，甚至也不會想要去瞧瞧這些區域。不過，在昆蟲世界中，卻有著許多從裡到外都美得極爲徹底的實例。雖然我們不知道爲何牠們如此用心成就如此美麗，但請大家不妨細細比較吉丁蟲腹面與背面色彩的不同吧！

5

4

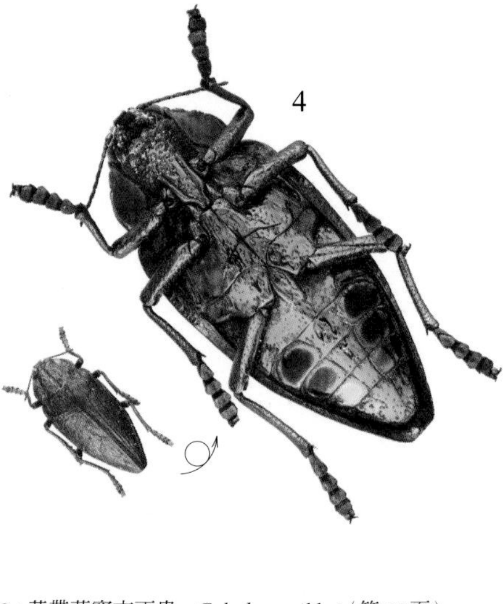

1：安哥拉紫豔吉丁蟲，*Sternocora feldspathica*（第 42 頁）／ 2：黃帶藍寶吉丁蟲，*Calodema ribbei*（第 45 頁）
3：彩虹吉丁蟲，*Chrysochroa fulgidissima*（第 40 頁）／ 4：幻色藍寶吉丁蟲，*Polybothris sumptuosa*（第 46 頁）
5：藍紋金翅吉丁蟲，*Temognatha suturalis*（第 45 頁）

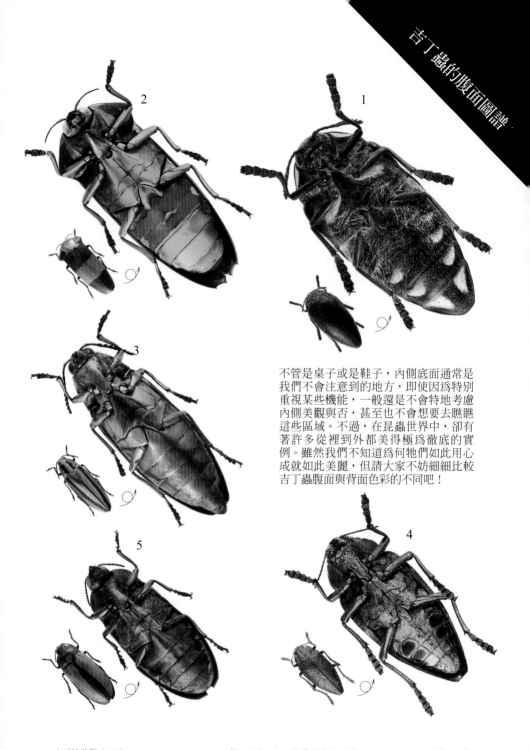

7
腹面有著更為不可思議的金屬光澤
6
9
素雅清爽
8
雖然使用了與外表相同的顏色，卻裝飾得截然不同。

6：圓盤黑吉丁蟲，*Polybothris auriventris*（第 46 頁）/ 7：印度茶翅吉丁蟲，*Sternocora chrysis*（第 42 頁）
8：藍斑琉璃吉丁蟲，*Chrysochroa buqueti*（第 41 頁）/ 9：莫氏吉丁蟲，*Megaloxantha mouhotii*（第 38 頁）

Column

閃閃發光的機制與結構

昆蟲的身體構造與人類不同，牠們體內並沒有骨骼，而是藉由堅硬的表皮來支撐身體及保護位於內面的柔軟內臟。甲蟲的前翅也因變得非常堅硬，所以當我們將表面放大仔細觀察時，就可以看到翅膀上有著許多小空洞的孔穴，或是長有短毛及毛所變化形成的鱗片等情形。若將硬象鼻蟲（*Pachyrhynchus*）的身體表面放大觀看，可以看到小小的鱗片並列生長形成的圖案，看起來簡直就像是鑲嵌著光彩璀璨的寶石。另外，吉丁蟲的體表同樣也會閃閃發光，還有著一顆顆的圓圓小空洞。

這種能夠閃閃發光的燦爛色彩，究竟是個什麼樣的機制與結構呢？事實上，擁有金屬光澤的體表與鱗片是因爲照射到光線才會開始發光顯色。因爲體表成爲一種能夠反射特定波長光線的細微構造，加上這種構造會因爲部位的不同而有所差異，所以昆蟲才會產生各式各樣燦爛輝煌的色彩。利用這種構造所產生的發色我們稱之爲「結構色（Structural coloration）」，結構色並不會因爲時間流逝而出現褪色的情況。加上當甲蟲種類有所不同時，結構色與色素的組合也會產生差異，最後才會形成各式各樣的獨特配色與光澤。

不過，昆蟲並無法像人類那樣調節自身體溫，所以生存時非常容易受到環境氣溫的影響。舉例來說，一旦牠們暴露在熱帶的熾烈陽光下並吸收強烈熱氣，就可能在很短時間內產生體溫上升的危險，所以結構色的某個意義上應該也是用來反射強烈陽光，藉此調節體溫不至於過熱而危及自身的生存。

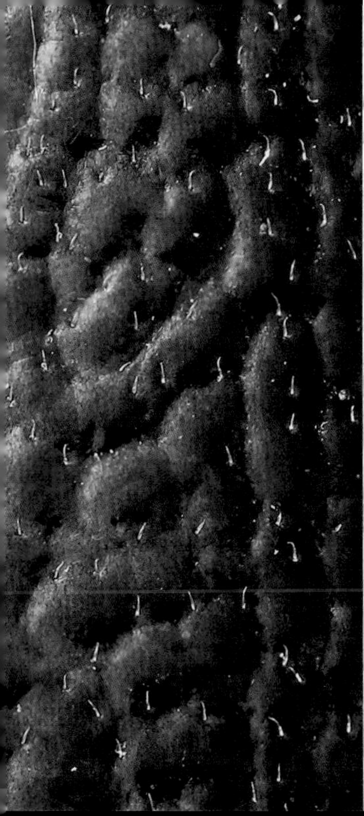

印度茶翅吉丁蟲，
Sternocora chrysis（第 42 頁）

華麗三彩吉丁蟲，
Catoxantha nagaii（第 41 頁）

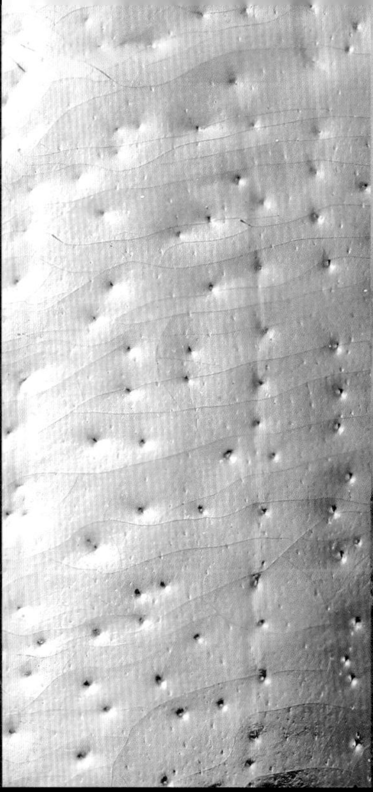

黑腳白金龜，
Chrysina curoei（第 16 頁）

藍豔天牛，
Aphrodisium cantori（第 73 頁）

黃帶藍寶吉丁蟲，
Calodema ribbei（第 45 頁）

球背象鼻蟲，
Pachyrhynchus orbifer

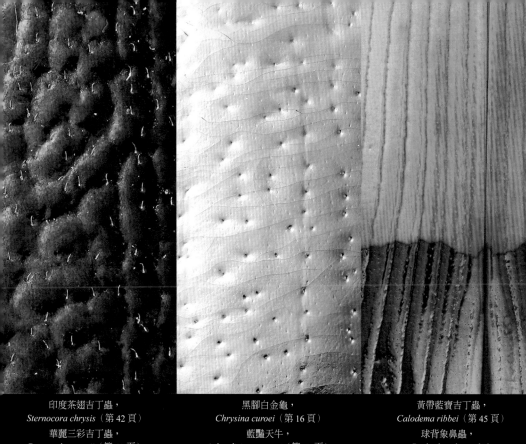

象鼻蟲

象虫

Weevil

Curculionidae

多樣性的極致

在象鼻蟲這類甲蟲中，有許多種類都擁有著如同大象般的長長鼻子，牠們也因爲這個特徵才會被命名爲「象鼻蟲」。事實上，牠們伸出來的並不是鼻子，而是所謂的「口器（口吻部）」，雖然有些特別的種類口器可能長達身體的一倍長度，但大多數象鼻蟲的口器並不會太長，都還是可以觀察其呆滯臉部的程度。在本書中，介紹的都是口器較短的象鼻蟲種群。

目前已知的象鼻蟲大約有六萬種，也是甲蟲的最大分類群之一。如果再加入尚無資料記載的種類，甚至被認爲可能多達二十萬種。

大花臉球背象鼻蟲

Pachyrhynchus sp.
菲律賓・呂宋島　16mm

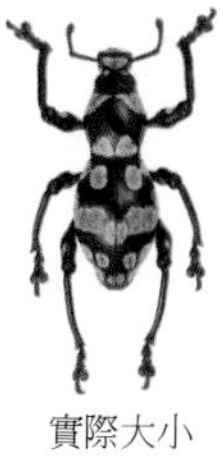
實際大小

事實上，象鼻蟲的多樣性祕密就藏在牠們的長長口器上。大部分象鼻蟲都屬於草食性昆蟲，而幼蟲食用的是植物的果實與莖枝的內部。當親代產卵時，牠們會以位於口器前端的大顎如同鑽頭般鑽出孔洞，再將產卵管伸進洞穴裡而把卵產在樹木果實內部等空間。這麼一來，不僅可避免天敵發現蟲卵，甚至幼蟲在洞穴中孵出後也可以直接食用樹木果實而得以發育成長。因此，目前一般都是認爲象鼻蟲因爲仔細謹慎的少量產卵，加上不斷適應各式各樣的植物與環境，才會發展出現今象鼻蟲的驚人多樣性。

不會飛也沒有關係

球背象鼻蟲，硬象鼻蟲（硬象虫）

這類象鼻蟲特別硬，同樣屬於以堅硬爲最大特徵的象鼻蟲科中一個族群。據說生活在台灣南部離島的達悟族，曾有段時間是成人藉由手指是否能夠壓碎這種昆蟲來進行力氣比賽，所以硬象鼻蟲的堅硬絕對是非同小可。雖然一般認爲這種堅硬的外殼是爲防止鳥類與蜥蜴的攻擊與吞食，但硬象鼻蟲得到此種硬度的代價就是失去飛行能力。許多硬象鼻蟲的圖案都很美麗，有趣的是還會讓人聯想到象徵日本美學意識的傳統紋飾。牠們的分布區域以菲律賓爲中心，包括八重山諸島（日本）、蘭嶼（台灣）、印度尼西亞等各地島嶼也都有部分種類棲息分布。

茶紋球背象鼻蟲

P. ochroplagiatus
菲律賓・呂宋島　16mm

藍斑紅胸球背象鼻蟲

P. sp.
菲律賓・民答那峨島　14mm

實際大小

藍紋球背象鼻蟲

Pachyrhynchus cf. *dohrni*
菲律賓・呂宋島　15mm

彷彿正在滾動的
水珠圖案

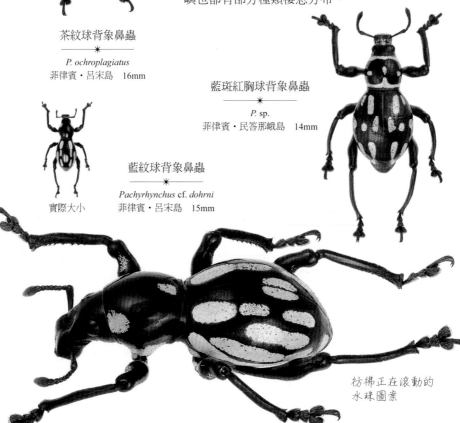

【水珠紋】

水珠圖案是硬象鼻蟲的必備圖案。雖然小小的水珠看起來頗爲時尚，但不同於底色的稍大點點圖案卻更增添別緻風采。

棕縞紋球背象鼻蟲

P. sp.
菲律賓・呂宋島　16mm

水玉紋銅色球背象鼻蟲

P. chlorites
菲律賓・呂宋島　16mm

藍水玉紋球背象鼻蟲

P. congestus coerulans
菲律賓・呂宋島　15mm

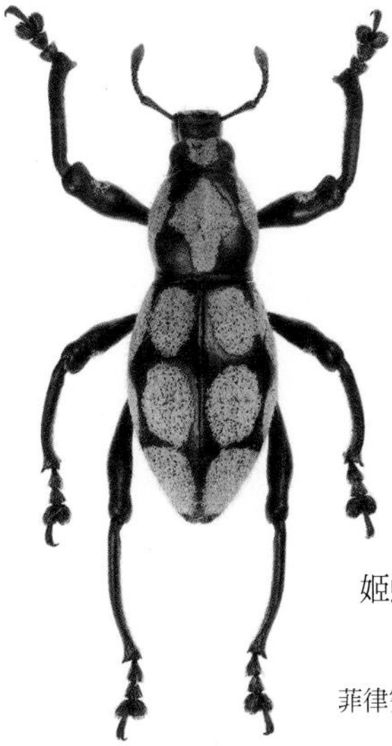

姬蛇目紋球背象鼻蟲

P. reicherti
菲律賓・民答那峨島　15mm

藍斑葫蘆形球背象鼻蟲

P. sp.
菲律賓・盧邦群島　16mm

【菊花紋】

水珠點點的圖案上有著鑲邊，好像日本的傳統菊花紋圖案。中心與邊緣的顏色具差異變化，更讓菊花紋的圖案神似菊科的花朵。

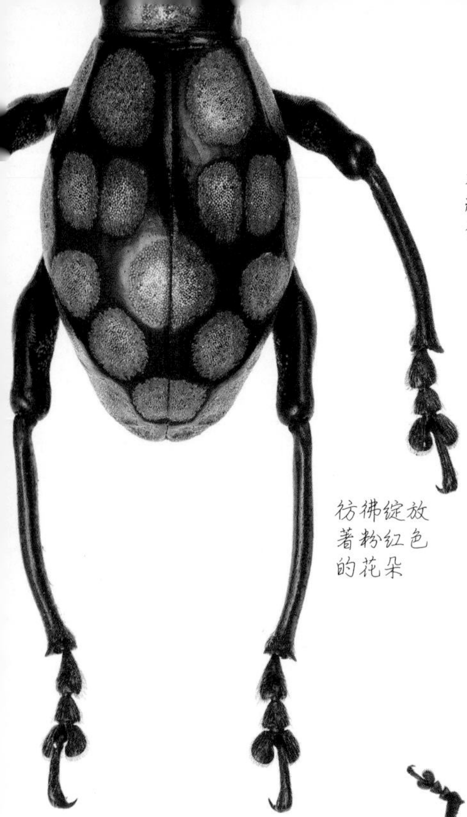

彷彿綻放著粉紅色的花朵

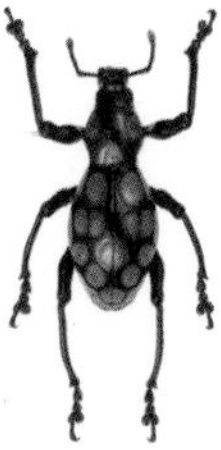

實際大小

菊紋藍斑球背象鼻蟲

Pachyrhynchus digestus

菲律賓・呂宋島　15mm

菊紋棕斑球背象鼻蟲

P. taylori metallescens

菲律賓・呂宋島　16mm

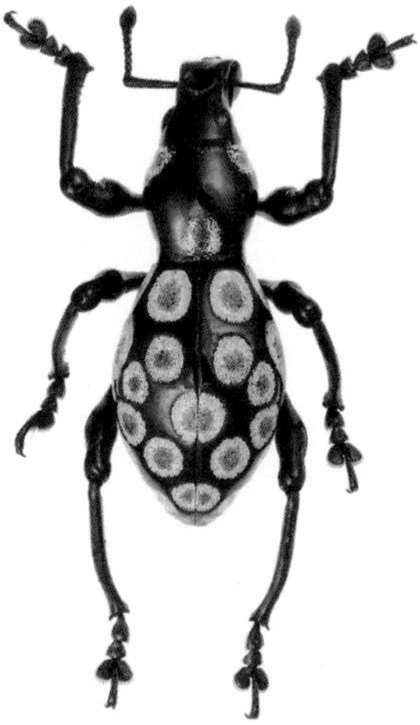

花胸蛇目紋球背象鼻蟲

P. congestus congestus

菲律賓・呂宋島　17mm

藍球花斑球背象鼻蟲

P. congestus pavonius

菲律賓・呂宋島　17mm

藍星球背象鼻蟲

P. perpulcher perpulcher

菲律賓・呂宋島　16mm

【蛇目紋】

由大小兩個同心圓所形成的圖案，也可以說是拿掉菊花紋中心色彩後的紋路，但只是因爲如此微小的差異，就帶給人截然不同的印象。

蛇目紋球背球象鼻蟲

P. cf. *gemmatus*
菲律賓・呂宋島　17mm

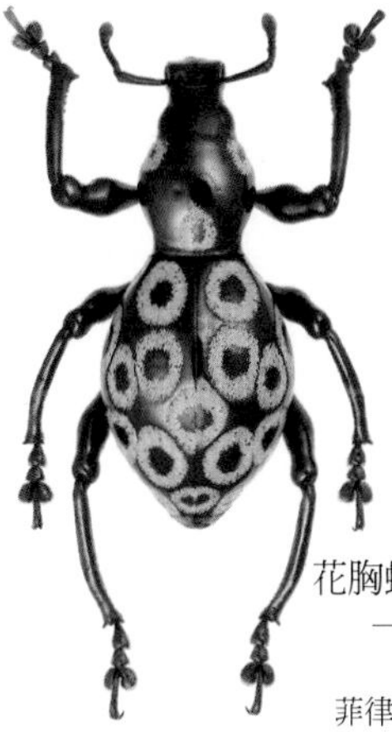

花胸蛇目紋球背象鼻蟲

P. cf. *congestus*
菲律賓・呂宋島　16mm

藍蛇目斑球背象鼻蟲

P. sp.
菲律賓・呂宋島　18mm

實際大小

姬蛇目紋球背象鼻蟲

P. reicherti
菲律賓・民答那峨島　15mm

與西藏僧侶隨身攜帶的天珠十分相像

呂宋蛇目紋球背象鼻蟲

P. argus
菲律賓・呂宋島　15mm

大花臉球背象鼻蟲

P. sp.
菲律賓・呂宋島　16mm

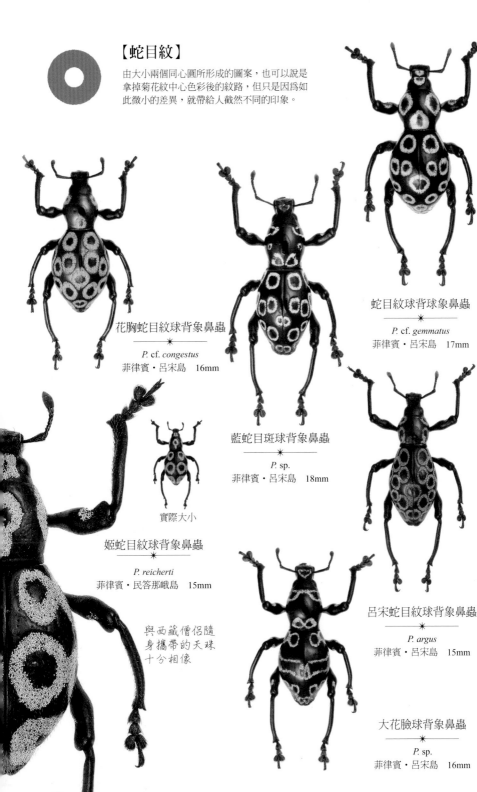

【石垣紋】

往經緯方向伸展的線條，彷彿就像是石塊往上層層堆疊；即使是同一個種類，卻有帶光澤與不帶光澤兩種類型，甚至還有前胸與前翅底色各自相異的種類，的確是獨特性十足的象鼻蟲。

藍石垣紋球背象鼻蟲

P. cf. *gloriosus*

菲律賓・馬林杜克島　14mm

花框球背象鼻蟲

Pachyrhynchus phaleratus

菲律賓・呂宋島　15mm

藍帶石垣紋球背象鼻蟲

P. gloriosus

菲律賓・呂宋島　14mm

白框黑球背象鼻蟲

P. negrosensis

菲律賓・內格羅斯島　12mm

藍帶球背象鼻蟲

P. monilliferus

菲律賓・呂宋島　13mm

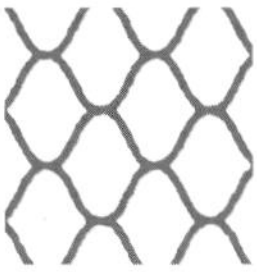

【網眼紋】

曲線交叉且彼此連結而形成的圖案，雖然看起來並不會雜亂無章，但細微部分還是各自具備著獨特的美感；千萬不要錯過容易疏忽各種象鼻蟲足部的基節。

藍網紋球背象鼻蟲

P. cf. *reticulatus*
菲律賓・呂宋島　14mm

紅腳網紋銅色球背象鼻蟲

P. cf. *reticulatus*
菲律賓・呂宋島　13mm

藍網紋球背象鼻蟲

P. cf. *reticulatus*
菲律賓・馬林杜克島　12mm

實際大小

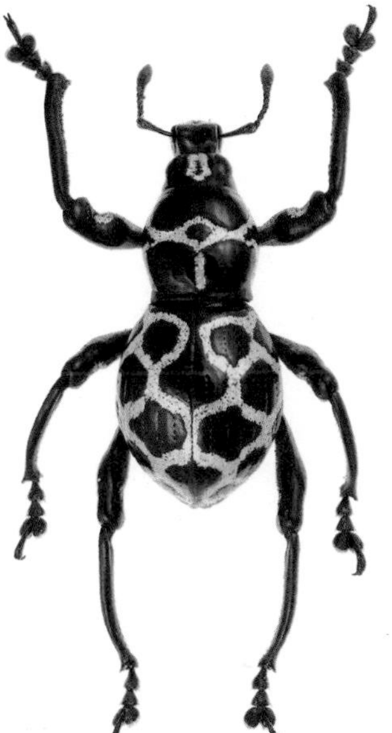

紅腳網紋黑球背象鼻蟲

P. cf. *reticulatus*
菲律賓・民答那峨島　14mm

【縞紋】

在日本的傳統紋飾中，只要提到「縞紋」，就是指曾在江戶時代刮起流行旋風的別緻直線條紋。硬象鼻蟲的縱縞圖案也各自有著不同的樣子，非常特別且獨特性十足；不管是細條紋、粗條紋，出現在牠們背上的灰白紋飾的確都非常出色。

川紋球背象鼻蟲

P. pulchellus
菲律賓・呂宋島　16mm

茶色縞紋球背象鼻蟲

Pachyrhynchus cf. *amabilis*
菲律賓・民答那峨島　12mm

棕縞紋球背象鼻蟲

P. sp.
菲律賓・馬林杜克島　15mm

銀紋黑球背象鼻蟲

P. caeruleovittatus
菲律賓・民答那峨島　13mm

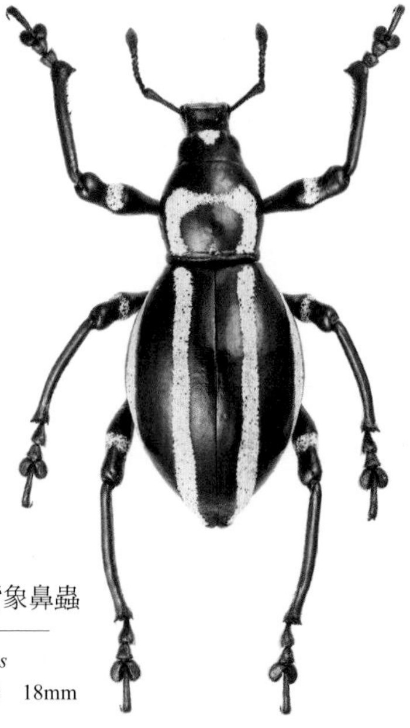

藍縞紋黑球背象鼻蟲

P. inclytus
菲律賓・呂宋島　18mm

【三角紋】

將三角形以幾何學方式組合而成的日本傳統紋飾，除了僅有線條的種類，也有整個身體塗滿的種類。在硬象鼻蟲當中，身體可見三角圖案的種類以整個斑塊塗滿的類型居多。

三角紋古銅色球背象鼻蟲

P. hirokii
菲律賓・民答那峨島　12mm

三角紋銅色球背象鼻蟲

P. pseudamabilis
菲律賓・民答那峨島　12mm

銅色白紋球背象鼻蟲

P. cf. *amabilis*
菲律賓・民答那峨島　13mm

白紋青球背象鼻蟲

P. amabilis
菲律賓・民答那峨島　13mm

十字白紋球背象鼻蟲

P. cf. *amabilis*
菲律賓・民答那峨島　14mm

實際大小

胸部與前翅的底色並不相同

這種紋飾出現在
許多日式工作服和
家居服飾上

宛如岩繪的配色

寶石象鼻蟲（宝石象虫）

雖然寶石象鼻蟲很少像硬象鼻蟲那樣擁有著多彩絢爛的斑紋種類，但牠們身上卻有著好似以混有雲母礦石的岩繪所塗繪而成的獨特圖案。在新幾內亞地區，有許多地方分別棲息著不同種類的寶石象鼻蟲，即使屬於同一種，也會因地域差異而出現圖案與顏色的差異。牠們的體型較硬象鼻蟲來得更大，甚至更爲堅硬，身上的華麗色彩也是一種警戒色。

實際大小

白紋黑寶石象鼻蟲

Eupholus sp.
巴布亞紐幾內亞　31mm

實際大小

藍帶寶石象鼻蟲

E. shoenherri
印度尼西亞　27mm

白底上的黑色刻痕如
同是小鹿田燒的「削
紋樣」特色圖案

白紋寶石象鼻蟲

E. albofesciatus
巴布亞紐幾內亞　29mm

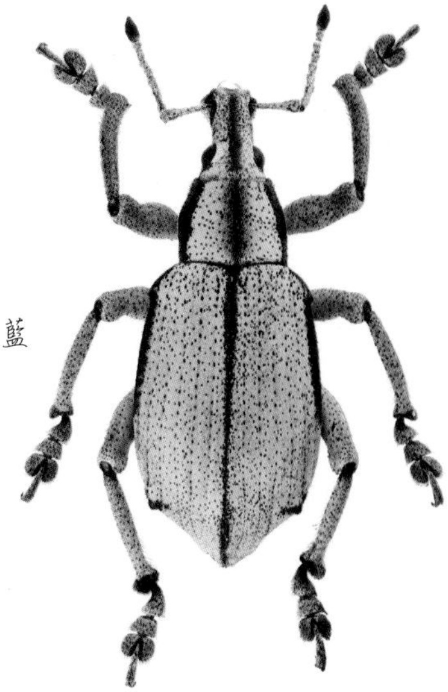

明亮的土耳其藍
彷彿是裝飾品

銀藍寶石象鼻蟲

E. lorioe
巴布亞紐幾內亞　26mm

花背寶石象鼻蟲

E. browni
巴布亞紐幾內亞　22mm

藍條寶石象鼻蟲

E. bennetti
巴布亞紐幾內亞　25mm

有著如同撕紙畫製
作出來的質感

黃帶黑寶石象鼻蟲

E. sp.
巴布亞紐幾內亞　27mm

Column

閃閃發光的擬態

爲了不要被天敵吃下肚子，甲蟲會使出各種方法來保護自己。首先是如同盔甲般堅硬身體；接著是利用華麗外表宣示體內毒性的存在，或相反地採用混充並沒入周遭景色的防衛方式。這種種花招雖然都是爲了要欺騙天敵，但其實牠們還有一個最基本的策略，那就是「擬態（Mimicry）」。

所謂的「擬態」，就是某一物種模仿其他生物的外形、顏色、動作等；有時甚至會出現模仿葉子、樹皮、動物糞便等各種無生物的外形。這些擬態的成果有的像是幼兒繪畫般拙劣、馬上就會被辨識出來，有的則是如同才華洋溢畫家的優秀作品，完成度極高。不過，這裡也希望大家務必記得的是，所謂的「模仿」，原本就只是人類單方面的認定與想像而已。

通常一看到被模仿的對象，應該就能想像出模仿的理由了。在這些被模仿者中，有些是體內具有毒性，所以常會以展露華麗色彩的方式來讓其他生物知道自己是有毒的。但在另一方面，這些模仿者卻是少見具有毒性的情況，牠們只是巧妙地利用擬態的行爲來順利僞裝成自己也是有毒的。像蜜蜂與螞蟻就是常常被模仿的昆蟲，因爲這兩者都因螫刺與叮咬等行爲而不受歡迎，所以才會成爲許多昆蟲的擬態對象。例如，當發現有黑色及黃色條紋圖案的昆蟲飛來時，我們通常會反射性地雙手抱頭避開，但其實很多時候根本不是蜜蜂。

在本書所介紹過的甲蟲中，因特別堅硬而難以被天敵吞食的硬象鼻蟲也常被其他昆蟲當作是擬態的模仿對象，而這些模仿硬象鼻蟲的昆蟲則是以擬硬象天牛的模仿最是維妙維肖。希望大家仔細觀察比較牠們有如工匠般的優秀技能。至於區別分辨的秘訣則在於觸角與翅鞘。因爲擬硬象天牛身上仍保有天牛特徵的長長觸角，而且相對於無法飛行的硬象鼻蟲的圓滑翅鞘，可以飛行的擬硬象天牛則有著強壯發達的翅鞘。當然，擬硬象天牛可不像硬象鼻蟲那樣堅硬無比啊！

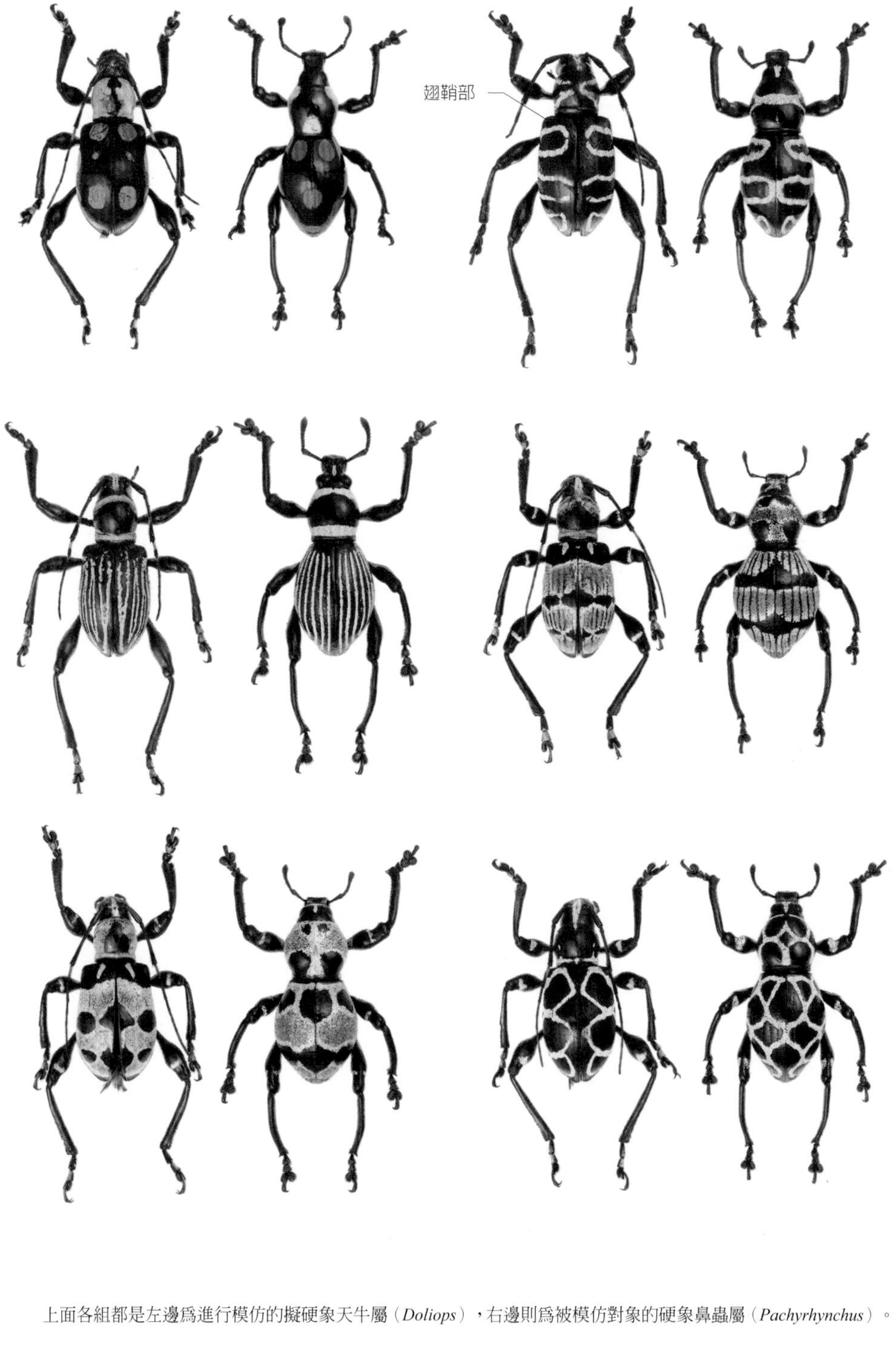

上面各組都是左邊爲進行模仿的擬硬象天牛屬（*Doliops*），右邊則爲被模仿對象的硬象鼻蟲屬（*Pachyrhynchus*）。

天牛

髮切虫

Longhorn Beetle

Cerambycidae

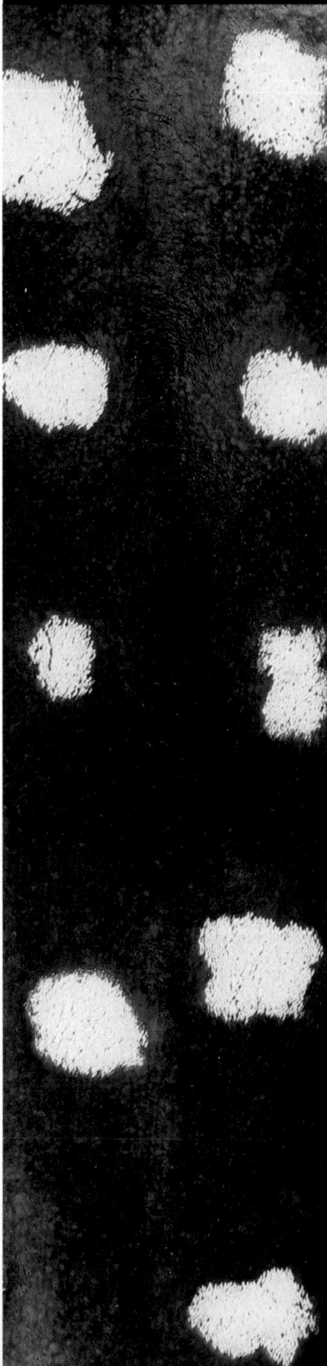

這可不是無用之物啊！

首先映入眼簾的是天牛那強韌紮實的長長觸角。因爲有著看起來像是牛角的長觸角，所以「天牛」才有了以此特色爲名的稱呼；指的就是可以飛在空中的牛。在日文中，天牛被稱爲「髮切蟲」，這個命名的原因則是來自於天牛另一大特徵，也就是那有如剪子般的大顎。天牛的大顎是因爲成蟲會藉此採食樹木與草類植物而逐漸變得發達的。

雖然書上都寫著天牛有著長長觸角，但某些天牛的觸角甚至達體長三倍，只是好像不管有多長，都不會影響牠們的行動。那麼，天牛的觸角又

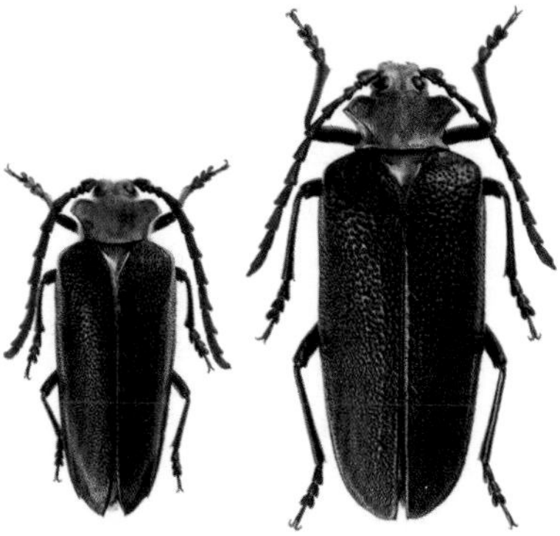

（雄蟲）　實際大小　（雌蟲）

有著什麼樣的重要功能呢？

昆蟲觸角的功能多是在嗅覺與觸覺方面，但有許多種類的天牛卻是雄蟲觸角長過雌蟲觸角。從這點看來，即可認定是雄蟲爲了在廣闊森林中感知同一種雌蟲的氣味，才會有著如此發達的觸角。特別是那些夜行性的種類，應該想像得到嗅覺與觸覺會比視覺來得更爲重要。此外，也可以說明天牛雌蟲那長至某個程度的觸角是用來尋找產卵用的植物。對天牛來說，觸角是非常重要的工具，在幼蟲蛻變爲成蟲的蛹時期，具有長長觸角的天牛爲了不要弄傷觸角，也會團團捲覆而將其仔細收納放好。

在本章中，我們也會介紹與天牛極爲相近的金花蟲（Chrysomelidae）。其中大多數都屬於小型昆蟲，有不少種類都帶有光澤，非常美麗。

彩色寶石天牛♀

Cheloderus childreni

智利　41mm

※ 彩虹天牛有時也被認為是盾天牛科（Oxypeltidae）。

外型獨特的天牛

秘魯產天牛（鋸天牛）

屬於原始的天牛種類，以熱帶地區為中心而廣泛分布在世界各地生活。雖然亞洲與非洲大多是黑色或棕色的樸素種類，但有不少棲息在南美洲的種類卻都具有鮮豔多彩的外觀。這類天牛大多是夜行性，不過有時候也可以看到這些華麗絢彩的天牛在日間活動的蹤跡。

赤絨背鋸天牛

Pyrodes nitidus
巴西　37mm

與左下方為同一隻天牛，但因角度改變而展現不同的顏色。

實際大小

赤絨背鋸天牛

Py. nitidus
巴西　40mm

桔帶藍寶天牛

Charmallaspis pulcherrima
秘魯　46mm

實際大小

黑斑紅寶石天牛

Hileolaspis auratus
秘魯　29mm

從頭到腳盡展時髦美感

全身都滿溢著青銅色的光澤

褐豔天牛

Praemallaspis leucaspis
巴西　40mm

藍黑豔天牛

C. smithiana
巴西　30mm

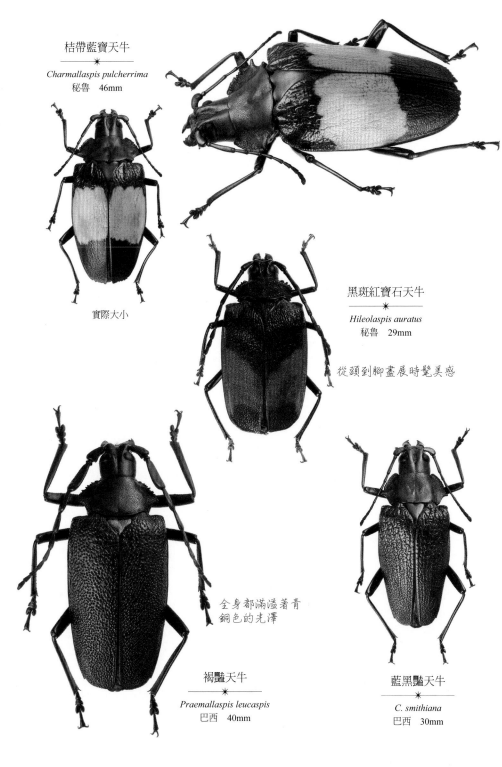

照耀在花朵上的光線

彩寶天牛（青天牛）

只要一被捕捉到，牠們就會散發出獨特的味道。味道種類繁多，從如同麝香般的濃厚香氣到難以言喻的黏膩惡臭都有。不論哪一種應該都是鳥類這些捕食者所不喜歡的味道。彩寶天牛身上的鮮豔色彩被認爲是用來警告的。許多種類的彩寶天牛都會聚集在樹木的高處花叢間，其中有些會飛在白花周遭，看起來就像是有強烈光線照射在花朵上，而且發現花朵後就會令人驚訝地尖叫。

暗綠底色上有著一條帶狀色塊，會對吉丁蟲之類昆蟲產生擬態行為。（P.38）

實際大小

彩寶天牛

Huedepohliana masidimanjuni
馬來西亞・婆羅洲島　58mm

黃趾棕背天牛

Aphrodisium semignitum
菲律賓・巴西蘭省　33mm

桔角天牛

Pachyteria ruficollis
馬來西亞・婆羅洲島　36mm

黃腳棕帶黑天牛

Schmidtiana testaceicornis
越南　44mm

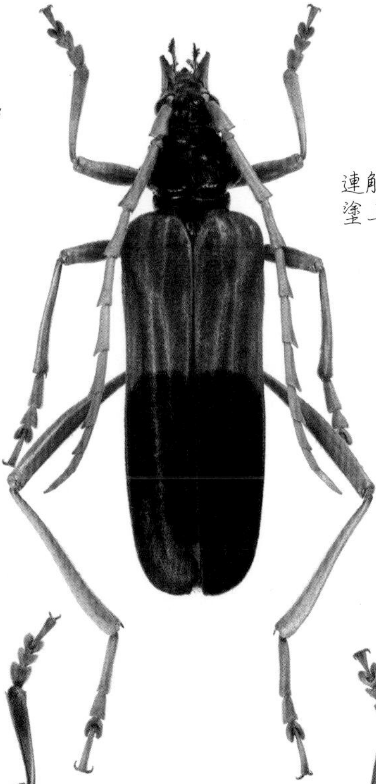

連觸角都沒有忘記
塗上華麗色彩

這種反而只有
腳尖失去光澤

藍豔天牛

A. cantori
泰國　58mm

棕腳青條天牛

A. niisatoi
越南　49mm

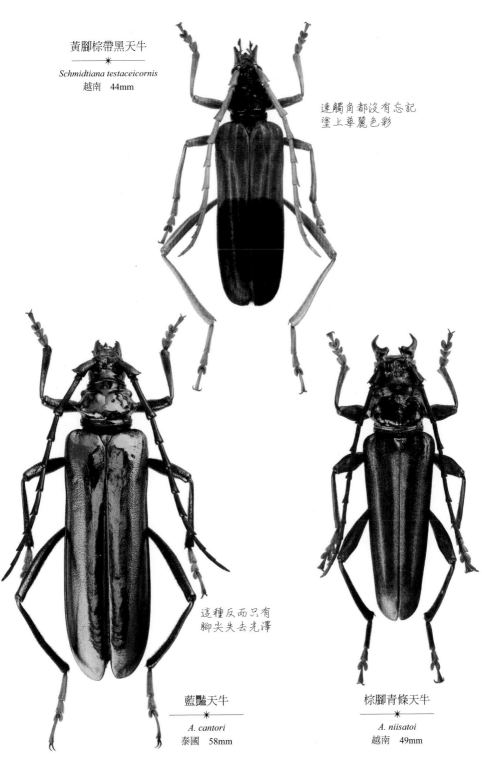

甲蟲中的紳士 · 人類的對手

白星天牛（胡麻斑天牛）

由身體延伸而出的長長觸角健壯有力，其實是很有天牛風格的一群；目前也有數種棲息在日本地區。東南亞各地區或各個島嶼都可見到姿態各異的白星天牛，其中大多數種類都有小水滴與帶狀圖案彩飾於身體上，而且多姿多彩的顏色與圖樣也帶來視覺上無比樂趣。不過，因爲大多數幼蟲都會啃食樹木，所以某些白星天牛也成了嚴重危害行道樹和果樹的害蟲。

白排斑星天牛

A. asuanga

菲律賓・萊特島　36mm

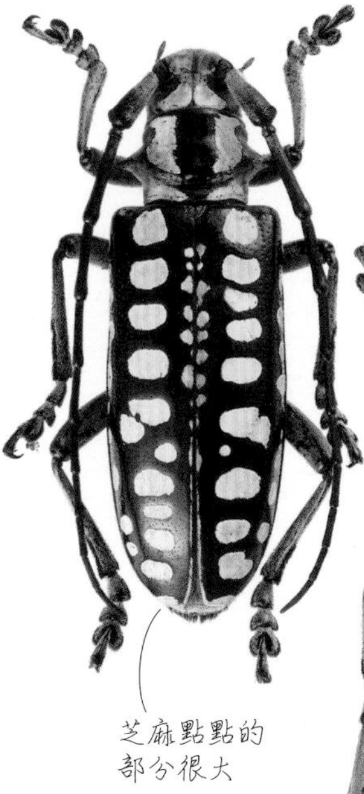

棕斑星天牛

A. mamaua

馬來西亞・民都洛島　37mm

幻紫星天牛

Anoplophora sollii

泰國　44mm

實際大小

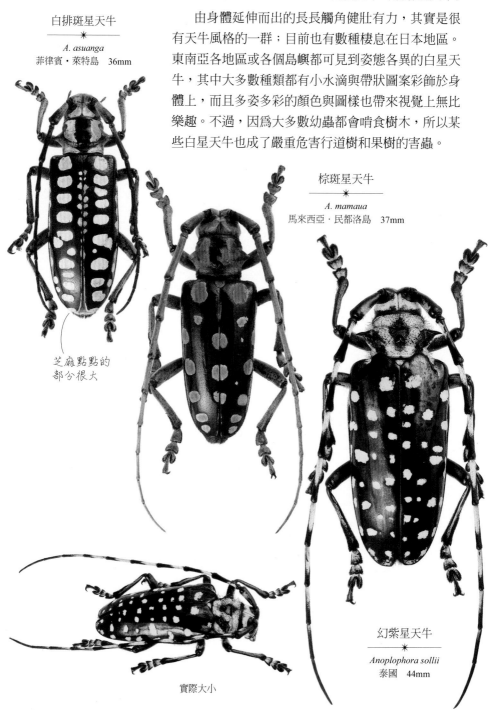

威風凜凜且風格獨具的姿態，觸角基部粗大健壯。

背上圖案看起來像似人臉

荷菲氏星天牛（黃斑天牛）

A. horsfieldii

台灣　36mm

幻色星天牛

A. fruhstorferi

越南　39mm

實際大小

紫豔白星大天牛

A. albopicta

台灣　48mm

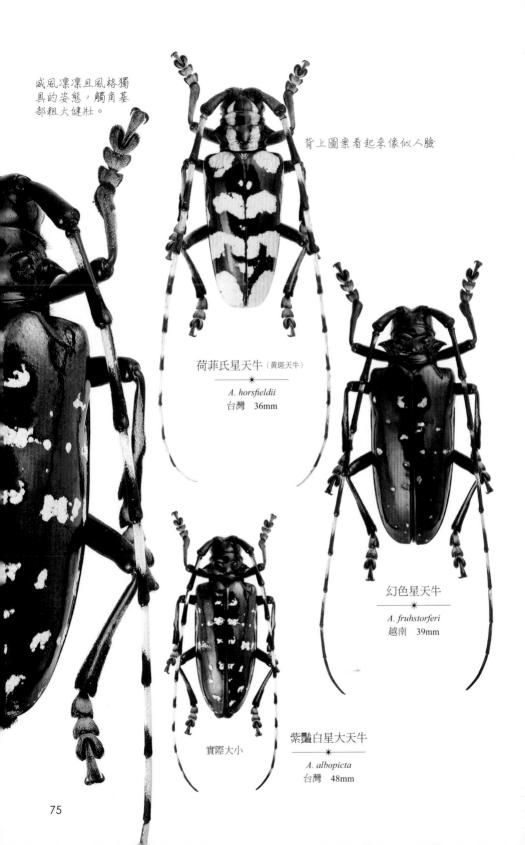

在濕地上閃閃發光的朝露

金花蟲（根喰葉虫）

在水金花蟲中，有某一類棲息在北半球的冷涼地區，主要以歐洲至日本、北美大陸為中心。因為幼蟲會啃食水草的根部，所以在日本被稱為「啃根葉蟲」。成蟲會在春天至初夏這段時間出現，並聚集在濕地、池畔水草的水面上方及花朵間。小小的體型還會閃耀著高雅的光芒，彷彿是濕地上閃閃發光的朝露。

黑豔水金花蟲

D. flemola
日本・長野縣　7.5mm
看起來閃閃發光的黑色、烏羽色

青銅底色上帶有些許青綠光澤

日本水金花蟲

Donacia japana
日本・島根縣　8.9mm

實際大小

綠緣水金花蟲

D. ozensis
日本・長野縣　9mm
青銅底色上有著綠色鑲邊

墨赤金花蟲

Plateumaris sericea
日本・長野縣　9.1mm
帶有光澤的暗紅豆色

棕腳水金花蟲

D. hirtihumeralis
日本・岩手縣　9.5mm
深夜中的青色—午夜藍

粗腿水金花蟲

D. lenzi

日本・山口縣　8mm

暗紫的底色有著
细细的綠色鑲邊

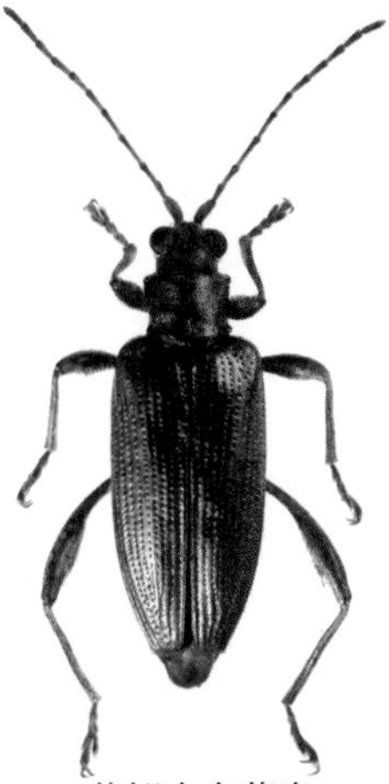

茶翅水金花蟲

D. provostii

日本・新潟縣　8.8mm

帶红色的深褐色、
红褐色

棕腳墨紫金花蟲

P. weisei

日本・北海道　8.3mm

帶有红色的深紫
色、紫水晶色

墨綠金花蟲

P. constricticollis babai

日本・新潟縣　10.8mm

帶著些微紫色的
青、藍青色

墨綠金花蟲

P. constricticollis constricticollis

日本・青森縣　9.9mm

帶有暗綠色的青
色、鐵色

墨綠金花蟲

P. constricticollis constricticollis

日本・岩手縣　10mm

如同日本龍蝦般的
暗褐色、绛紫色

以健壯的大腿作爲武器

粗腿金花蟲（黃金葉虫）

粗腿金花蟲主要棲息在東南亞、新幾內亞、澳大利亞、非洲、馬達加斯加等地。以大多數爲小型種的金花蟲族群來說，牠們的大腿極爲粗壯，雄蟲的後足不但長且健壯發達，腿節膨大，簡直就像是青蛙腿一樣。目前知道牠們將巨大足部用於雄性之間的戰鬥，因爲大多喜歡豆科及錦葵科植物，所以幼蟲會侵入莖枝內部啃食。

腿節

黑身大腳金花蟲

S. rugulipennis
新幾內亞　27mm

綠寶石大腳金花蟲

Sagra cf. *chrysochlora*
馬來西亞　25mm

讓人聯想到岩漿與太陽
閃焰（Solar flare）的
柱狀火焰圖案

紫寶石大腳金花蟲

S. buqueti
馬來西亞　33mm

實際大小

珠軀大腳金花蟲

S. femorata
寮國　24mm

虹綠長腳金花蟲

S. cf. *longipes*
泰國　26mm

足部與身體的配色非常出色，雖然屬於小型昆蟲，但時尚感十足。

實際大小

藍腳赤金花蟲

S. jansoni
寮國　15mm

藍虹大腳金花蟲

S. urania
馬達加斯加　24mm

雙色大腳金花蟲

S. bicolor
辛巴威　21mm

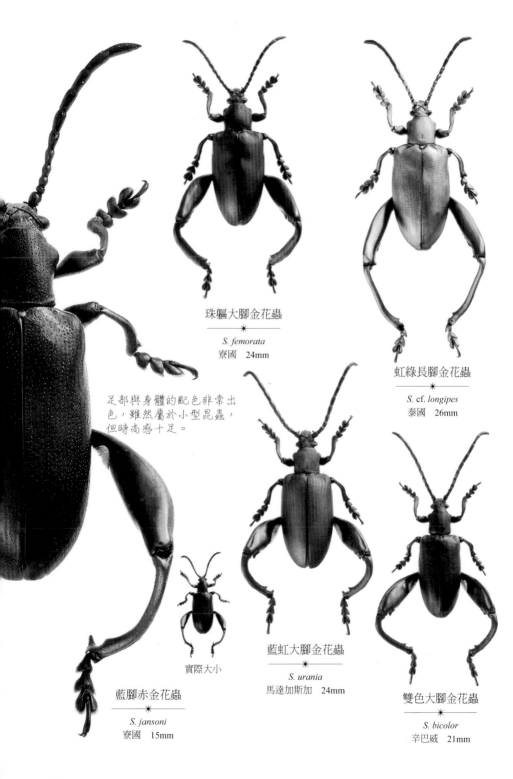

Column
光彩閃耀的甲蟲與人類

本書的目的就是介紹美麗的甲蟲，而且嚴格選出了其中特別耀眼奪目的種類並列圖展示。雖然還有其他許多美麗的甲蟲，但書中選擇的都是每個讀者必定大爲驚嘆感動的種類。當然，多少也有筆者個人的偏好混雜其中。

因爲這些甲蟲是如此美麗，所以自古以來就深受大衆喜愛。對於有著採集收藏昆蟲興趣的人來說，更可說是魅惑般的誘人；其中步行蟲與天牛的收藏家爲數衆多，這些人同時經常會前往各國採集，並於世界各地從事標本的買賣及交換。

聽到這裡，或許有許多人會大嘆這些行爲實在是罪孽深重，但許多生物的學問基礎博物學，正是以如此方式逐漸奠基成立的。此外，目前之所以仍可每年發現各類新種類甲蟲，就是因爲這些收藏家的無窮無盡需求，也就是來自於他們想要搶先找到最新種的探求力。具體來說，全世界每年雖然都會發表好幾千個新種甲蟲，但其實大部分都是由以昆蟲採集爲興趣的人們所發現。一旦發現之後，保護該種的第一步就是保存收藏。反過來說，如果不知道何地存在著什麼樣的種類時，當然包括生活史、生態學研究、甚至如何保育也不會開始。所以若從這點看來，也可以說發現新種這個行爲，其實是很有價值的吧！

或許，有人也會擔心「過度採集可能造成數量減少」。當棲息地極端有限且稀少時，這種情況的確是有可能發生。事實上，過去也曾有過收藏家對於昆蟲棲息數量造成影響的事例，不過以大多數昆蟲的情況來說，當生存棲息環境確實保護時，絕對不會發生因爲採集者而使昆蟲捕捉殆盡的事情發生。

對於博物學有所貢獻的標本（收藏於日本九州大學綜合研究所博物館）

正於泰國北部深山當中進行調查的作者與當地小朋友

相較之下，更糟糕的問題其實是昆蟲的棲息環境正以全球性的規模快速減少。近年來，擁有多樣性昆蟲的熱帶雨林遭遇到嚴重的毀壞，而森林區域的縮減也意味著棲息地的消失和該地區的生物滅絕。不過，許多人卻不太清楚原因，其實就存在於我們的日常生活中，常忽略這些昆蟲的棲地，恣意破壞。

舉例來說，東南亞近年來大量砍伐熱帶雨林，多半目的都是要栽植油棕以採收棕櫚油。這種棕櫚油被大量使用在我們日常生活裡的清潔劑與加工食品當中。此外，我們平常使用的影印紙大多也是來自於砍伐熱帶雨林後製作而成的。大家都應當要深刻了解，消費這些物品的行爲其實也會加快森林破壞的程度。雖然採集者必須隨時審視自己本身的行爲，只能進行最低限度的採集，但有許多採集者往往會貪得無厭，採集過量的昆蟲，使昆蟲標本供過於求。

筆者每年都會造訪馬來西亞，但對於每次前往該地都會看到當地熱帶雨林持續變成油棕園區的情況，的確也是深感驚訝且憂心。到去年爲止都還有美麗吉丁蟲飛繞在高大樹木林梢間的地區，也已出現油棕樹苗整齊栽植的情況；而這些單一的油棕田就成了大多數昆蟲的不毛之地，永遠不會再出現了。出現在本書的大部分甲蟲都是產自熱帶雨林，但其實許多棲息地也都面臨每年陸續縮減的情況。

我衷心期盼出現在本書中寶石般甲蟲的永續居住環境可以留存下來。即使這是遙遠而難以實現的目標，也可能因爲我們的想法不斷出現變化而與之產生連結。如果因爲本書而讓大家至少了解到這些可愛甲蟲的存在而重視牠們的棲地環境，那就眞的是實屬萬幸了。

生活在泰國熱帶雨林地區的粗腿金花蟲（*Sagra femorata*）© 林正和

叢密森林被砍伐開墾，並栽種許多椰子樹苗 © 小松貴

金龜子科 \ コガネムシ科 \ Scarabaeidae

雙紋虹綠金龜	ディベスカタハリカナブン *Ischiopsopha dives*	13
墨紫金龜	ガガティナカタハリカナブン *I. gagatina*	12
金斑紫金龜	アカオビカタハリカナブン *I. jamesi* var. *coerulea*	12
虹綠紫金龜	サルバドールアトムネカナブン *Lomaptera salvadorii*	13
橙彩金龜	ディクロプスノコバカナブン *Mycterophallus dichropus*	12
橙腳綠金龜	イリアンノコバカナブン *M. xanthopus*	13
豔彩蜣螂	アメシストニジダイコクコガネ *Phanaeus amethystinus guatemalensis*	19
紫金蜣螂	アミュタオンニジダイコクコガネ *P. amithaon*	19
虹豔蜣螂	ムネミドリニジダイコクコガネ *P. chryseicollis*	18
藍角背蜣螂	アクマニジダイコクコガネ *P. demon*	19
角胸豔蜣螂	ハナニジダイコクコガネ *P. floriger splendidulus*	19
紫豔蜣螂	ヨツバニジダイコクコガネ *P. quadridens*	18
紅腳藍寶石金龜	アカアシツヤマルハナムグリ *Poecilopharis femorata*	13
波紋茶斑金龜	ルターツヤマルハナムグリ *P. ruteri*	12
綠斑金龜	アトキリツヤマルハナムグリ *P. truncatipennis*	12
帝王豔麗蜣螂	コウテイニジダイコクコガネ *Sulcophanaeus imperator*	18
茶色豔金龜	メネラオスニジダイコクコガネ *S. menelas*	19

獨角麗金龜	カブトハナムグリ *Theodosia viridiaurata*	11

鍬形蟲科 \ クワガタムシ科 \ Lucanidae

印尼金鍬	パプアキンイロクワガタ *Lamprima adolphinae*	21
青背金鍬	アエネアキンイロクワガタ *L. aenea*	21
澳洲金鍬	アウラタキンイロクワガタ *L. aurata aurata*	21
塔司馬尼亞金鍬	アウラタキンイロクワガタ *L. aurata splendens*	20
島嶼綠金鍬	インスラリスキンイロクワガタ *L. insularis*	20
彩虹金鍬	ラトレイユキンイロクワガタ *L. latreillei*	20

步行蟲科 \ オサムシ科 \ Carabidae

大琉璃步行蟲	オオルリオサムシ *Carabus* (*Acoptolabrus*) *gehinii gehinii*	30、31
大琉璃步行蟲 （北海道網走型）	オオルリオサムシ *Ca.* (*A.*) *gehinii konsenensis*	31
大琉璃步行蟲 （北海道八雲町型）	オオルリオサムシ *Ca.* (*A.*) *gehinii munakatai*	31
大琉璃步行蟲 （北海道島牧型）	オオルリオサムシ *Ca.* (*A.*) *gehinii nishijimai*	30
大琉璃步行蟲 （北海道樣似町型）	オオルリオサムシ *Ca.* (*A.*) *gehinii sapporensis*	31
大琉璃步行蟲 （北海道神惠內村型）	オオルリオサムシ *Ca.* (*A.*) *gehinii shimizui*	31
黃金步行蟲	コガネオサムシ *Carabus* (*Chrysocarabus*) *auronitens auronitens*	27
金背步行蟲	ヒスパヌスコガネオサムシ *Ca.* (*Ch.*) *hispanus*	27

青條黃金步行蟲	イベリアコガネオサムシ *Ca. (Ch.) lineatus lineatus*	27
奧林匹亞青背步行蟲	オリンピアコガネオサムシ *Ca. (Ch.) olympiae*	26
青胸黃金步行蟲	ルーティランスコガネオサムシ *Ca. (Ch.) rutilans perignitus*	26
虹藍步行蟲	ソリエールコガネオサムシ *Ca. (Ch.) solieri bonadonai*	26
華麗黃金步行蟲	スプレンデンスコガネオサムシ *Ca. (Ch.) splendens*	27
鎧甲擬食蝸步行蟲	テイオウカブリモドキ *Carabus (Coptolabrus) augustus* ssp.	29
日本擬食蝸步行蟲	ツシマカブリモドキ *Ca. (Co.) fruhstorferi*	29
金緣擬食蝸步行蟲	オオコブカブリモドキ *Ca. (Co.) ignimitella* ssp.	29
藍胸擬食蝸步行蟲	シナカブリモドキ *Ca. (Co.) lafossei* ssp.	29
擬食蝸步行蟲	タイワンカブリモドキ *Ca. (Co.) nankotaizanus miwal*	28
瘤翅擬食蝸步行蟲	イボカブリモドキ *Ca. (Co.) pustulifer mirificus*	28
青背擬食蝸步行蟲	アオカブリモドキ *Ca. (Co) smaragdinus branickii*	28
藍黷步行蟲	イボハダオサムシ *Carabus (Procerus) scabrosus schuberti*	24
青姬步行蟲	セラムアトバゴミムシ *Catascopus agnathus*	35
銅色姬步行蟲	ドウバネアトバゴミムシ *C. cupripennis*	35
靛翅姬步行蟲	コアオアトバゴミムシ *C. facialis*	35
鹿耳島姬步行蟲	キンヘリアトバゴミムシ *C. ignicinctus*	34

彩藍姬步行蟲	ラオスオオアトバゴミムシ *C. laotinus*	34
金光姬步行蟲	ニジモンアトバゴミムシ *C. presidens*	34
藍豔青頭姬步行蟲	ニシキアトバゴミムシ *C. regalis*	35
梭德氏姬步行蟲	ザウターアトバゴミムシ *C. sauteri*	34
蒙氏姬步行蟲	ボーレンホーベンアトバゴミムシ *C. vollenhoveni*	35
智利步行蟲	チリオサムシ *Ceroglossus chilensis angolicus*	33
智利金翅步行蟲	チリオサムシ *C. chilensis colchaguensis*	33
智利銅彩步行蟲	チリオサムシ *C. chilensis ficheti*	32
智利虹翅步行蟲	チリオサムシ *C. chilensis latemarginatus*	32
智利摩卡步行蟲	チリオサムシ *C. chilensis mochae*	32
智利藍彩步行蟲	チリオサムシ *C. chilensis solieri*	33
智利金胸步行蟲	チリオサムシ *C. chilensis villaricensis*	33
智利虹藍步行蟲	マゼランチリオサムシ *C. magellanicus caburgansis*	33
智利銅綠青胸步行蟲	オクセンチリオサムシ *C. ochsenii*	32

吉丁蟲科 \ タマムシ科 \ **Buprestidae**

幻斑吉丁蟲	キマダラカワリタマムシ *Apateum zivettum*	47
黃帶藍寶吉丁蟲	キオビオウサマムカシタマムシ *Calodema ribbei*	45、50、53

華麗三彩吉丁蟲	ティオマンハビロタマムシ *Catoxantha nagaii*	41、53
馬來白斑豔青吉丁蟲	オオハビロタマムシ *C. opulenta*	37
藍斑琉璃吉丁蟲	キバネツマルリタマムシ *Chrysochroa buqueti*	41、51
幻色寶石吉丁蟲	フトオビハデルリタマムシ *Ch. fulgens ephippigera*	23
彩虹吉丁蟲	タマムシ(ヤマトタマムシ) *Ch. fulgidissima*	40、50
彩色寶石吉丁蟲	キベリルリタマムシ *Ch. limbata*	40
黃斑藍寶吉丁蟲	ノバクフタキオビルリタマムシ *Ch. margotana*	41
彩裳琉璃吉丁蟲	キオビルリタマムシ *Ch. saundersii*	41
南非毛斑吉丁蟲	アカゲケブカフトタマムシ *Julodis cirrosa hirtiventris*	42
乳丁吉丁蟲	ムネモンケブカフトタマムシ *J.faldermanni*	43
泰國白斑豔青吉丁蟲	ヒゲナガオオルリタマムシ *Megaloxantha longiantennata*	37
莫氏吉丁蟲	ヒラコブオオルリタマムシ *Megaloxantha mouhotii*	38、51
黑帶典雅吉丁蟲	クロオビハデムカシタマムシ *Metaxymorpha nigrofasciata*	44
圓盤黑吉丁蟲	キンモンテントウカワリタマムシ *Polybothris auriventris*	46、51
茶斑黑吉丁蟲	キンマダラカワリタマムシ *P. aurocyanea*	47
黃斑黑吉丁蟲	ツマアカテントウカワリタマムシ *P. auropicta*	47
角胸黑吉丁蟲	コガタミミズクカワリタマムシ *P. expansicollis*	47

黑斑吉丁蟲	ホシボシカワリタマムシ *P. navicularis*	46
幻色藍寶吉丁蟲	ニシキカワリタマムシ *P. sumptuosa*	46、50
泰國虹彩吉丁蟲	ミドリフトタマムシ *Sternocora aequisignata*	43
印度茶翅吉丁蟲	チャイロフトタマムシ *S. chrysis*	42、51、53
安哥拉紫豔吉丁蟲	ムラサキフトタマムシ *S. feldspathica*	42、50
坦桑尼亞妖豔吉丁蟲	アラメミドリフトタマムシ *S. pulchra*	42
敘利亞藍寶石吉丁蟲	シリアフトタマムシ *S. syriaca*	43
金斑吉丁蟲	ムネムラサキアラメムカシタマムシ *Stigmodera macularia*	45
澳洲古色斑吉丁蟲	アカモンアラメムカシタマムシ *S. roei*	44
點刻古色吉丁蟲	キラキラアラメムカシタマムシ *S. sanguinosa*	44
金翅虹彩吉丁蟲	アカヘリムカシタマムシ *Temognatha carpentariae*	45
藍紋金翅吉丁蟲	アオムネムカシタマムシ *T. suturalis*	45、50

叩頭蟲科 \ コメツキムシ科 \ **Elateridae**

藍腹麗叩頭蟲	ハバビロオオアオコメツキ *Campsosternus cyaniventris*	48
綠背麗叩頭蟲	フルーストルファーオオアオコメツキ *C. fruhstorferi*	49
大林氏麗叩頭蟲	ノブオオオアオコメツキ *C. nobuoi*	49
虹紋麗叩頭蟲	ニジモンオオアオコメツキ *C. rutilans*	49

赤紅麗叩頭蟲	アカミオオアオコメツキ *C.* sp.	48
紅胸條背麗叩頭蟲	スジアカオオアオコメツキ *C.* sp.	49
靛藍姬麗叩頭蟲	アイヒメオオアオコメツキ *C.* sp.	48
銅色麗叩頭蟲	ドウイロオオアオコメツキ *C.* sp.	49
朱紅麗叩頭蟲	ムネモンチャイロオオアオコメツキ *C. vitalisianus*	49

象鼻蟲科 \ ゾウムシ科 \ Curculionidae

白紋寶石象鼻蟲	シロオビホウセキゾウムシ *Eupholus albofesciatus*	65
藍條寶石象鼻蟲	カワリホウセキゾウムシ *E. bennetti*	65
花背寶石象鼻蟲	キラモンホウセキゾウムシ *E. browni*	65
銀藍寶石象鼻蟲	ヒトスジホウセキゾウムシ *E. lorioe*	65
藍帶寶石象鼻蟲	ニシキホウセキゾウムシ *E. shoenherri*	64
白紋黑寶石象鼻蟲	タテジマチャオビホウセキゾウムシ *E.* sp	64
黃帶黑寶石象鼻蟲	フトキオビホウセキゾウムシ *E.* sp	65
白紋青球背象鼻蟲	ウルワシカタゾウムシ *Pachyrhynchus amabilis*	63
球背象鼻蟲	オビカタゾウムシ *Pachyrhynchus orbifer*	53
呂宋蛇目紋球背象鼻蟲	アルゴスカタゾウムシ *P. argus*	59
銀紋黑球背象鼻蟲	ソラスジカタゾウムシ *P. caeruleovittatus*	62

茶色縞紋球背象鼻蟲	シマシマウルワシカタゾウムシ *P.* cf. *amabilis*	62
十字白紋球背象鼻蟲	スジモンウルワシカタゾウムシ *P.* cf. *amabilis*	63
銅色白紋球背象鼻蟲	ドウバネウルワシカタゾウムシ *P.* cf. *amabilis*	63
花胸蛇目紋球背象鼻蟲	ハナカタゾウムシ *P.* cf. *congestus*	59
藍紋球背象鼻蟲	ニジモンカタゾウムシ *P.* cf. *dohrni*	56
蛇目紋球背球象鼻蟲	ホウセキカタゾウムシ *P.* cf. *gemmatus*	59
藍石垣紋球背象鼻蟲	ヨコスジカタゾウムシ *P.* cf. *gloriosus*	60
紅腳網紋銅色球背象鼻蟲	アカアシアミメカタゾウムシ *P.* cf. *reticulatus*	61
紅腳網紋黑球背象鼻蟲	アカアミメカタゾウムシ *P.* cf. *reticulatus*	61
藍網紋球背象鼻蟲	アミメカタゾウムシ *P.* cf. *reticulatus*	61
水玉紋銅色球背象鼻蟲	クロライトカタゾウムシ *P. chlorites*	57
花胸蛇目紋球背象鼻蟲	ハナカタゾウムシ *P. congestus congestus*	58
藍水玉紋球背象鼻蟲	ミズモンカタゾウムシ *P. congestus coerulans*	57
藍球花斑球背象鼻蟲	ハナカタゾウムシ *P. congestus pavonius*	58
菊紋藍斑球背象鼻蟲	アサギカタゾウムシ *P. digestus*	58
藍帶石垣紋球背象鼻蟲	カガヤキカタゾウムシ *P. gloriosus*	60
三角紋古銅色球背象鼻蟲	ヒロキカタゾウムシ *P. hirokii*	63

藍縞紋黑球背象鼻蟲	イタシカタゾウムシ *P. inclytus*	62
藍帶球背象鼻蟲	クサリカタゾウムシ *P. monilliferus*	60
白框黑球背象鼻蟲	ネグロスカタゾウムシ *P. negrosensis*	60
茶紋球背象鼻蟲	チャモンカタゾウムシ *P. ochroplagiatus*	56
藍星球背象鼻蟲	ウツクシカタゾウムシ *P. perpulcher perpulcher*	58
花框球背象鼻蟲	ファレラカタゾウムシ *P. phaleratus*	60
三角紋銅色球背象鼻蟲	ニセウルワシカタゾウムシ *P. pseudamabilis*	63
川紋球背象鼻蟲	カワユシカタゾウムシ *P. pulchellus*	62
姬蛇目紋球背象鼻蟲	ライヘルトカタゾウムシ *P. reicherti*	57、59
藍斑紅胸球背象鼻蟲	アカガネカタゾウムシ *P.* sp.	56
大花臉球背象鼻蟲	オオカワリカタゾウムシ *P.* sp.	55、59
藍蛇目斑球背象鼻蟲	カワリカタゾウムシ *P.* sp.	59
棕縞紋球背象鼻蟲	トウスジカタゾウムシ *P.* sp.	57
棕縞紋球背象鼻蟲	トウモンカタゾウムシ *P.* sp.	62
藍斑葫蘆形球背象鼻蟲	ルバングカタゾウムシ *P.* sp.	57
菊紋棕斑球背象鼻蟲	ベニモンカタゾウムシ *P. taylori metallescens*	58

天牛科 \ カミキリムシ科 \ Cerambycidae

紫豔白星大天牛	ハデツヤオオゴマダラカミキリ *Anoplophora albopicta*	75
白排斑星天牛	レツモンゴマダラカミキリ *A. asuanga*	74
幻色星天牛	ムラサキゴマダラカミキリ *A. fruhstorferi*	75
荷菲氏星天牛（黃斑天牛）	キモンゴマダラカミキリ *A. horfieldii*	75
棕斑星天牛	トウモンクロゴマダラカミキリ *A. mamaua*	74
幻紫星天牛	ミズモンアオゴマダラカミキリ *A. sollii*	74
藍豔天牛	カンターハデミドリカミキリ *Aphrodisium cantori*	53、73
棕腳青條天牛	ニイサトハデミドリカミキリ *A. niisatoi*	73
黃趾棕背天牛	モエサシアオカミキリ *A. semignitum*	72
桔帶藍寶天牛	ソメワケノコギリカミキリ *Charmallaspis pulcherrima*	71
藍黑豔天牛	スミスノコギリカミキリ *C. smithiana*	71
彩色寶石天牛	オオチリカミキリ *Cheloderus childreni*	69
黑斑紅寶石天牛	アカモンノコギリカミキリ *Hileolaspis auratus*	71
彩寶天牛	オオルリタマムシカミキリ *Huedepohliana masidimanjuni*	72
桔角天牛	ムネアカキンケアオカミキリ *Pachyteria ruficollis*	72
褐豔天牛	ドウイロノコギリカミキリ *Praemallaspis leucaspis*	71

赤絨背鋸天牛	ブロンズノコギリカミキリ *Pyrodes nitidus*	70
黃腳棕帶黑天牛	ハンゲアオカミキリ *Schmidtiana testaceicornis*	73

金花蟲科 \ ハムシ科 \ Chrysomelidae

黑豔水金花蟲	クロガネネクイハムシ *Donacia flemola*	76
棕腳水金花蟲	アカガネネクイハムシ *D. hirtihumeralis*	76
日本水金花蟲	キンイロネクイハムシ *D. japana*	76
粗腿水金花蟲	ガガブタネクイハムシ *D. lenzi*	77
綠緣水金花蟲	コウホネネクイハムシ *D. ozensis*	76
茶翅水金花蟲	イネネクイハムシ *D. provostii*	77
墨綠金花蟲	オオネクイハムシ *P. constricticollis babai*	77
墨綠金花蟲	オオネクイハムシ *P. constricticollis constricticollis*	77
墨赤金花蟲	スゲハムシ *P. sericea*	76
棕腳墨紫金花蟲	ヒラシマネクイハムシ *P. weisei*	77
雙色大腳金花蟲	フタイロコガネハムシ *Sagra bicolor*	79
粗腿金花蟲	コガネハムシ *Sagra femorata*	81
紫寶石大腳金花蟲	ニジモンコガネハムシ *S. buqueti*	78
綠寶石大腳金花蟲	カタビロコガネハムシ *S.* cf. *chrysochlora*	78

虹綠長腳金花蟲	アシナガコガネハムシ	79
	S. cf. *longipes*	
珠軀大腳金花蟲	コガネハムシ	79
	S. femorata	
藍腳赤金花蟲	ジャンソンコガネハムシ	79
	S. jansoni	
黑身大腳金花蟲	シワバネコガネハムシ	78
	S. rugulipennis	
藍虹大腳金花蟲	ウラニアコガネハムシ	79
	S. urania	

●有關甲蟲的名稱／楊平世

生物的學名是世界共通的，每一種都只會被命名一個名字。

審定這本書時，最大的難題就和我以往曾為東方、遠流審定的法布爾系列書籍一樣，面臨許多從來都沒有中文名稱的外國蟲，所以如何給牠一個適切的名字呢？我秉持的原則是先從以往文獻，或玩蟲人是否曾給牠中文名字，再推敲合理性，如覺得取得不錯就予以沿用；如不適切，就和新命名的舶來蟲一樣，先從學名中的屬名、種名、形態特徵及地名中去推敲；所以，這本書中的甲蟲中文名稱也就產生。孩子誕生後如何為孩子命名一直是做長輩最頭痛的事，而在為這些舶來甲蟲命名時，我也遭遇同樣的困難！

●有關標本圖像攝影

本書所刊載的標本圖像全都是以「深度合成法」進行攝影。所謂的「深度合成法」，是將許多照片先進行層狀攝影，然後只將對焦部分以電腦軟體合成，進而製作為一張照片的方法。想讓本書中具有金屬光澤的甲蟲能於陽光下首次展現自然色彩，攝影過程其實是很困難的。針對每一種昆蟲的光線照射方法與光質加以變化，就是希望達到我們野外發現昆蟲時的自然配色與光澤的展現。

●致謝

有本晃一（九州大學）、伊藤　昇（川西市）、井村有希（横浜市）、上野高敏（九州大學）、大桃定洋（阿見町）、柿添翔太郎（九州大學）、烏山邦夫（カトリック鯛ノ浦教會）、小松　貴（九州大學）、鈴木　亙（世田谷區）、田中久稔（早稻田大學）、辻　尚道（九州大學）、林　成多（ホシザキグリーン財團）、林　正和（バンコク市）、福井敬貴（多摩美術大學）、星野光之介（九州大學）、堀　繁久（北海道博物館）、松村洋子（慶應義塾大學）、南　雅之（武藏野市）、宮下　圭（パイネ）、山迫淳介（東京大學）、吉田攻一郎（墨田區）、吉武　啓（農業環境技術研究所）Gérard Luc Tavakilian（パリ自然史博物館）、Eduard Vives（スペイン・バルセロナ）

台灣自然圖鑑 035

光彩閃耀的甲蟲圖鑑

きらめく甲虫

作者	丸山宗利
翻譯	吳佩俞
審定	楊平世
主編	徐惠雅
執行主編	許裕苗
版面編排	許裕偉
標本照片	丸山宗利
照片提供	小松　貴、林正和
攝影協力	九州大學總合研究博物館
鑑定監修	井村有希（步行蟲）、伊藤　昇（凹唇步甲）、上野高敏（花金龜）、大桃定洋（吉丁蟲）、鈴木　亙（叩頭蟲）、林　成多（金花蟲）、吉武啟（象鼻蟲）、山迫淳介（天牛）
文	丸山宗利、佐藤　曉
構成	ネイチャー＆サイエンス
設計	鷹嘴麻衣子

創辦人	陳銘民
發行所	晨星出版有限公司 臺中市407工業區30路1號 TEL：04-23595820　FAX：04-23550581 http：//www.morningstar.com.tw 行政院新聞局局版台業字第2500號
法律顧問	陳思成律師
初版	西元2016年07月23日 西元2024年06月06日（五刷）
郵政劃撥	15060393（知己圖書股份有限公司）
讀者服務專線	04-23595819 #230
印刷	上好印刷股份有限公司

定價450 元

ISBN　978-986-443-133-5

KIRAMEKU KOUCHUU
Copyright © MUNETOSHI MARUYAMA, NATURE & SCIENCE, GENTOSHA 2015
Book Design : Maiko Takanohashi
Chinese translation rights in complex characters arranged with GENTOSHA INC.
through Japan UNI Agency, Inc., Tokyo

Printed in Taiwan
版權所有 翻印必究
（如有缺頁或破損，請寄回更換）

國家圖書館出版品預行編目資料（ＣＩＰ）

光彩閃耀的甲蟲圖鑑／丸山宗利著
-- 初版. -- 台中市：晨星, 2016.07
面； 公分.－－（台灣自然圖鑑；35）
譯自：きらめく甲虫
ISBN 978-986-443-133-5 (平裝)

1.甲蟲 2.動物圖鑑

387.785025 105006047